河南省西北地区铝土矿床资源特征及开发利用综合研究

孙越英　张洪波　主编

黄河水利出版社
·郑州·

内 容 提 要

河南省西北地区铝土矿资源丰富,铝土矿保有资源储量居全省第一位,仅次于山西省和贵州省,居全国第三位,本书总结了河南省西北地区铝土矿成矿规律,特别是对该地区铝土矿的基底地层、含矿岩系、矿床地质特征,矿石物质成分,铝土矿的物质来源及成因进行了探讨,对河南省西北地区铝土矿成矿规律进行了综合研究,并对河南省西北地区铝土矿的开发利用及废弃铝土矿山的恢复治理进行了综合研究。

本书可供矿产地质勘查人员、矿山开发研究人员、科研教学人员和相关专业的学生、研究生等阅读参考。

图书在版编目(CIP)数据

河南省西北地区铝土矿床资源特征及开发利用综合研究/孙越英,张洪波主编. —郑州:黄河水利出版社,2017.5
ISBN 978 - 7 - 5509 - 1748 - 4

Ⅰ.①河… Ⅱ.①孙…②张… Ⅲ.①铝土矿 - 矿产资源 - 资源开发 - 研究 - 河南②铝土矿 - 矿产资源 - 资源利用 - 研究 - 河南 Ⅳ.①P618.450.1

中国版本图书馆 CIP 数据核字(2017)第 098130 号

出 版 社:黄河水利出版社
　　　　　地址:河南省郑州市顺河路黄委会综合楼 14 层　　　邮政编码:450003
发行单位:黄河水利出版社
　　　　　发行部电话:0371 - 66026940、66020550、66028024、66022620(传真)
　　　　　E-mail:hhslcbs@126.com
承印单位:河南承创印务有限公司
开本:787 mm × 1 092 mm　1/16
印张:9.25
字数:210 千字　　　　　　　　　　　　印数:1—1 000
版次:2017 年 5 月第 1 版　　　　　　　印次:2017 年 5 月第 1 次印刷

定价:38.00 元

《河南省西北地区铝土矿床资源特征及开发利用综合研究》编委会

主　　编　　孙越英　张洪波

副 主 编　　贾长立　罗齐云　周姣花　杨九鼎

　　　　　　张明礼　杨　达　韩　博　李俊生

　　　　　　徐红伟　孙　雨　刘应然　任润虎

主要编写人员

　　　　　　冯晓胜　程　磊　王　凤　曾云鹏

　　　　　　贾　悦

序

随着现代工业的发展,铝土矿在国民经济和社会发展过程中起着重要的作用,它广泛用于钢铁、化工、建筑、造纸、油漆、陶瓷、橡胶等行业。河南省西北地区铝土矿的资源特点是以高铝黏土和硬质黏土为主,两者占总储量的72.8%,软质黏土储量偏低,仅占7.2%。高铝黏土含铝量普遍较高,Fe_2O_3含量较低,烧失量小,是很好的优质耐火材料。

铝土矿是河南省西北地区优势矿产之一,资源丰富,品种多,质量好,矿体埋藏浅,水文地质条件简单,开采技术条件好,耐火黏土、陶瓷土、高岭土、铁矾土等均有分布,随着黏土矿的开发,本区已成为全省黏土矿主要生产基地之一。为此,国家及有关部门投入了大量的地质勘查工作,提交了几十份矿区地质勘查报告,众多的国内外地质专家、学者对河南省西北地区铝土矿开展了地质勘查及综合研究,取得了大量的地质科研成果,有些成果未形成专著公开发表,为此,河南省地质矿产勘查开发局第二地质矿产调查院、河南省国土资源科学研究院、河南省地质矿产勘查开发局第三地质勘查院、河南省地质矿产勘查开发局第三地质矿产调查院、河南省岩石矿物测试中心、湖北永业行评估咨询有限公司等单位,组织长期从事该地区铝土矿研究的地质专家和有关人员,根据以往地质勘查科研成果,参阅国内外有关文献、资料,进行综合研究,编著了《河南省西北地区铝土矿床资源特征及开发利用综合研究》一书。

本书总结了河南省西北地区铝土矿成矿规律,特别是对该地区铝土矿的基底地层、含矿岩系、矿床地质特征,矿石物质成分,铝土矿的物质来源及成因进行了探讨,并对河南省西北地区铝土矿开发利用进行了综合研究。

总之,本书内容丰富,资料翔实,文图并茂,对矿产地质勘查人员、矿山开发研究人员、科研教学人员和相关专业的学生、研究生等均具有重要的参考价值。

姚公一

2017 年 2 月

前　言

　　铝土矿是在潮湿的热带—亚热带气候条件下地表风化作用的产物,矿石中以 Al、Fe 和 Ti 的氢氧化物和氧化物为特征,根据基岩类型,铝土矿主要分为喀斯特型和红土型两类。产于碳酸盐岩古喀斯特面之上的称为喀斯特型铝土矿,产于铝硅酸盐岩之上的称为红土型(Bárdossy et al,1990;Argenio et al,1995)。我国铝土矿主要分布在山西、河南、贵州、广西等地,均属典型喀斯特型铝土矿;少部分红土型铝土矿分布在福建和广西中部地区。

　　铝是产量和使用量最大的有色金属,在国民经济中具有广泛的用途,主要应用于建筑、电力电气、通信、机械制造、飞行器、车船、家用电器等行业。据中国有色金属杂志统计,2005 年底,我国电解铝产能 1 079 万 t,实际产量达 781 万 t,产能、产量远远超过俄罗斯、美国、加拿大等电解铝生产国,居世界第一位。2008 年 1 ~ 9 月电解铝实际产量 1 012 万 t。

　　我国铝土矿资源探明储量约占世界的 10%,主要分布于陕西、贵州、河南、广西、重庆等省(区、市)。河南省铝土矿床属赋存于寒武—奥陶系碳酸盐岩古风化剥蚀面上的沉积型铝土矿,成矿时代为石炭纪本溪期。含矿岩系分布在京广铁路以西、秦岭以北、焦作以南的广大地区,面积约 20 000 km²。2015 年以前,发现铝土矿床(点)120 处,地质工作程度达到普查以上的矿区共 75 个,其中大型 10 个、中型 32 个、小型 33 个,提交资源储量约 10 亿 t,约占全国的 33%。

　　河南省已探明铝土矿资源量占全国第三位,铝土矿、氧化铝、铝锭产量一直居全国第一位。2015 年河南省氧化铝生产企业产能近 1 200 万 t,约占全国总产量的 35%;铝锭产量 300 万 t,约占全国总产量的 24.9%。铝及相关产业为河南省支柱产业。

　　河南省铝土矿具有埋藏浅、品位高、交通运输条件优越等特点,因此得到较早的开发利用,始建于 1958 年的上街铝厂是亚洲最大的铝工业基地。20 世纪 90 年代,中国铝业中州铝厂投产。2005 年以后,洛阳香江万基铝业有限公司、三门峡开曼铝业有限公司、三门峡东方希望铝业有限公司等大型氧化铝、电解铝企业相继投产,河南省铝工业进入一个新的发展阶段。河南省西北地区铝土矿资源得到高强度的开发利用,地表、浅部高品位铝土矿资源勘探开采殆尽,铝土矿资源保障程度不足,资源形势严峻。

　　河南省西北地区是我国铝土矿资源的重要基地,河南省西北地区铝土矿是我国喀斯特型铝土矿的典型代表。铝土矿的研究起始于 20 世纪 50 年代,60、70 年代处于空白时期。50 年代的研究主体集中于对河南省西北地区铝土矿时代问题的讨论(张文堂,1955;甘德清,1958;张崇淦,1958;张文波,1958;赵一踢,1958);也有部分学者对铝土矿矿物组成(刘长龄,1958)、物质来源与成因进行了初步的探索(赵一踢,1958;舒文博,1959)。20

世纪 80 年代以来,河南省西北地区铝土矿成为矿床学领域研究的热点之一。研究集中于矿床地质特征、矿体特征、成矿时代、矿石结构构造、物质组成、成矿环境、成矿规律、控矿因素、物质来源、矿床成因和成矿过程多个方面。

河南省铝土矿资源丰富,河南省西北地区铝土矿保有资源储量居全省第一位,河南省西北地区铝土矿的资源特点是以高铝黏土和硬质黏土为主,两者占总储量的 72.8%,软质黏土储量偏低,仅占 7.2%。高铝黏土含铝量普遍较高,Fe_2O_3 含量较低,烧失量小,是很好的优质耐火材料。

铝土矿作为矿产资源的一个大类,在国民经济和社会发展过程中起着重要的作用,它广泛用于钢铁、化工、建筑、造纸、油漆、陶瓷、橡胶等行业。随着市场经济体制的逐步完善,矿产品市场竞争日趋激烈,省内外黏土矿资源大量流入,由于经济或资源等原因,导致该地区国有矿山纷纷停产或转产,仅剩部分乡镇与个体企业零星开采,生产规模小,矿产品品种单一,产品多以原矿或粗加工产品销售,科技附加值低,产品竞争力不强,经济效益差。

铝土矿资源开发利用及管理中存在的主要问题是地质勘查资金投入不足,黏土矿资源储量不明。储量只减不增,资源形势严峻。长期大量民采,造成矿区资源储量严重不实;矿山布局不尽合理,无序开采导致资源浪费严重,利用率较低。建成的矿山,生产规模小,且多停产转产。乡镇、个体矿山企业在工作程度很低的矿区(点)采矿,采富弃贫,乱采滥挖,资源浪费严重;资源开发利用粗放,经济效益差。多年来,河南省西北地区的铝土矿主要以卖原矿或煅烧后销往各大钢铁厂或耐火材料厂,用于制作各种定型或不定型的耐火材料。价格低廉,而储量消耗巨大,资源优势没有得到充分发挥,经济效益差;地质灾害隐患多,矿山环境恶化。由于乡镇、个体矿山企业乱采滥挖,不仅破坏了矿体,同时造成了许多地质灾害隐患,植被遭破坏,矿山环境恶化;深加工水平低,共生、伴生矿产综合利用率低;执法管理、监督工作不到位。由于当地老百姓多以民采、零星开采为主,管理难度较大,无证开采现象大量存在,致使矿产开采过程中缺乏有效的监督,矿山"三率"指标考核缺乏力度,优质劣用现象普遍存在。

为了探讨合理利用与综合开发的新途经,拓宽铝土矿利用领域,依靠科技进步,开发高新产品,提高矿产品的加工深度与精度,延长产品加工链条,充分发挥其优势矿产的作用,变资源优势为经济优势,本书通过对河南省西北地区铝土矿床地质特征的研究,旨在探讨铝土矿资源综合利用的新途径,为河南省矿业经济可持续发展做出贡献,并为今后全省矿产资源规划提供科学依据。

参加本专著编写的主要单位及人员有:河南省地质矿产勘查开发局第二地质矿产调查院高级工程师孙越英、高级工程师李俊生、高级工程师徐红伟、工程师杨九鼎、工程师杨达、工程师张明礼、助理工程师冯晓胜、技术员曾云鹏;河南省国土资源科学研究院工程师张洪波;河南省地质矿产勘查开发局第一地质环境调查院高级工程师贾长立;河南省地质矿产勘查开发局第三地质勘查院工程师程磊;河南省地质矿产勘查开发局第四地质勘查院博士生刘应然、研究生孙雨;河南省地质矿产勘查开发局第五地质勘查院教授级高级工程师任润虎；河南省地质矿产勘查开发局第三地质矿产调查院工程师罗齐云；河南省岩石矿物测试中心高级工程师周姣花、工程师韩博；河南省煤田地质局三队贾悦；湖北永业行评估咨询有限公司助理工程师王凤。

　　本书共分23章，第1～17章由孙越英、张洪波、贾长立、罗齐云、周姣花、李俊生、徐红伟、杨九鼎、张明礼、杨达、冯晓胜、韩博、孙雨、刘应然、程磊、王凤、曾云鹏、贾悦执笔；第18～23章由孙越英、张洪波、罗齐云、周姣花、任润虎、刘应然、程磊、王凤执笔，全书最后由孙越英统一修改定稿，本书特邀河南省有色局原总工教授级高级工程师姚公一担任顾问，在此深表谢意。

　　本书在编写过程中，得到河南省地质矿产勘查开发局第二地质矿产调查院、河南省国土资源科学研究院、河南省地质矿产勘查开发局第一地质环境调查院、河南省地质矿产勘查开发局第三地质勘查院、河南省地质矿产勘查开发局第四地质勘查院、河南省地质矿产勘查开发局第五地质勘查院、河南省地质矿产勘查开发局第三地质矿产调查院、河南省岩石矿物测试中心、湖北永业行评估咨询有限公司、河南省煤田地质局三队等单位的大力支持及帮助，在此一并致谢。同时，在本书编写过程中，编者参阅了有关院校、科研、生产、管理单位编写的教材、专著或论文，在此对参考文献的作者表示衷心感谢！

　　由于编者水平有限，书中难免存在缺点、错误和不足之处，诚恳地希望读者给予批评指正。

作　者
2017 年 2 月

目　录

第1章 总 论

1.1 铝土矿的工业用途及在国民经济发展中的地位

1.1.1 铝土矿的工业用途及工业要求

铝土矿是生产铝的重要矿石来源。除此之外,它在制取高能磨料、高铝水泥、耐火材料、水泥、陶瓷材料、化工和医药等方面也具有广泛的用途。

铝土矿是河南省西北地区的优势矿种之一,保有资源储量居全省第一位。矿石以高铝黏土和硬质黏土为主,矿层产于石炭系本溪组含铝岩系中,位于奥陶系或寒武系侵蚀面上。矿床规模较小、埋藏较浅,易于开采。矿石以高铝黏土和硬质黏土为主,矿石质量较好,用途广泛。按使用量大小的工业部门依次为:耐火材料业、铝氧业、磨料业等。铝土矿的开采及加工业具有很好的经济效益,目前国有、集体、个体矿山和矿点星罗棋布、蓬勃发展。铝土矿及其制成品的年产值已达数十亿元,在河南省乃至国家的国民经济中都占有重要地位。随着国民经济的振兴和对铝、耐火材料及磨料需求的增加,特别是国家确定把铝作为有色金属的重点发展品种,铝土矿的经济价值必将成倍增长。

1.1.2 铝土矿在国民经济建设发展中的地位

铝广泛应用于电器、航空、航天、建筑、机械制造和民用轻工业各部门。此外,铝及其合金的粉末能迅速燃烧,放出强光和热能,因而被用作燃烧弹、信号火箭等。由于铝对氧的亲和力大,铝还可以用作钢的脱氧剂和一些高熔点金属氧化物的还原剂。可以说,现代工业的任何一个部门都需要铝,铝的使用量超过了除铁以外的任何其他金属。

随着现代工业的发展,无论在国民经济建设或人们的日常生活中,铝与人民生活息息相关,显示出越来越重要的作用。

1.2 铝土矿及铝工业国内外发展概况

铝是一种重要的有色金属矿,属轻金属。其优越性在于它和其他金属熔合之后,可以提供比重小、强度高的合金。此外,铝还有良好的传热性和导电性,因此广泛用于航空、军事、电器、机械、食品、建筑等工业和日用品生产部门,其用量仅次于钢。铝的消费是衡量一个国家现代化水平的重要标志。随着铝用途的不断扩大,世界上铝土矿的储量和产量都有很大增长,其中绝大部分储量是近20年来探明的。

铝土矿在世界上分布很不均匀,约有83%集中在热带地区,如几内亚、澳大利亚、巴西、牙买加等国,其余13%集中在温带地区,如印度、希腊、南斯拉夫等国。热带地区以红土型铝土矿为主,由各种含铝岩石风化淋滤而成。成矿时代为中、新生代,矿石多为三水铝石型。温带地区以风化壳沉积型(黏)铝土矿为主,矿体直接或间接产于碳酸盐岩和具有一定程度岩溶化的岩层之上,成矿时代为早古生代,矿石以一水硬水铝石型为主。

我国铝土矿资源丰富,探明储量占世界第五位。我国铝土矿以晚古生代风化壳沉积型为主,其探明储量约占全国矿石储量的9/10,集中分布在山西、河南、贵州和广西等内陆地区。另有第四纪堆积型铝土矿和第三纪红土型铝土矿。堆积型铝土矿系由原生铝土矿经风化淋滤、剥蚀改造,在原地或半原地堆积而成,近年来在桂西有较大发现。红土型铝土矿系由玄武岩风化淋滤而成,我国目前发现的大多为小型,分布在海南岛和东南沿海一带。

1.3 河南省西北地区铝土矿地质研究工作现状

河南省西北地区铝土矿是河南省重要的铝土矿产区,地质工作开展较早,但由于没有进行系统、全面的总结、研究,加之测试手段不齐全,所见到的大都是零星材料。20世纪50年代中期,巩县地质队在对竹林沟和大小火石岭矿区进行地质勘探时,杨志甲、潘毅昌等对铝土矿的矿物成分和化学成分做了初步研究,最早提出铝土矿石中含有的主要矿物成分为一水硬水铝石,附生及伴生矿物为蒙脱石、伊利石、叶蜡石、针铁矿、金红石及方解石等。同时期,苏联矿物学副博士别捏斯拉夫斯基在其所著《河南某地铝土矿矿床的矿物成分》一文中也较详细地叙述了河南铝土矿的化学成分、结构和基本造岩矿物,提出水云母和高岭石是由白云母和绢云母变来的,并认为河南乃至中国其他古生代矿床与世界上所有已知矿床铝土矿的物质成分的区别。

第2章 区域地质背景

　　研究区处于中朝古板块南部,受秦岭构造带和中国东部构造带影响明显。区域北西为王屋山—太行山隆起,南西为秦岭隆起,中间为嵩箕隆起;和隆起相间出现陕渑新盆地、济源—开封凹陷盆地、汝州—宝丰盆地。区域主要构造线呈北西向、近东西向,焦作以东为北北东向。秦岭、汝州—宝丰盆地整体呈北西向,陕渑新盆地呈近东西向,嵩箕地区总体上受近东西向、北西向构造控制,北西向构造错断了近东西向构造。北东向、北北东向构造对区域有明显的影响,中朝古板块南部洛宁、嵩县等盆地呈北东向,陕县盆地、嵩箕隆起东部发育大量的北北东向断裂。隆起区抬升、剥蚀强烈的部分出露古老的太华群、登封群等古老变质岩系,元古界、古生界围绕古老地层分布,主要分布于隆起区,山地周围的盆地中分布中、新生界。

　　研究区地层属华北地层区,出露地层主要有太古宇登封群、太华群,元古宇嵩山群、熊耳群、汝阳群、洛峪群、震旦系,古生界寒武系、奥陶系、石炭系、二叠系,中生界三叠系、侏罗系、白垩系及新生界第三系、第四系。缺失古生界志留系和泥盆系(河南省区域地质志,1989)。

　　河南省西北地区铝土矿形成于石炭纪碳酸盐岩古陆表面,太古宇为区内最古老的地层,出露于抬升、剥蚀作用强烈地区。在王屋山—太行山地区主要出露于太行山和平原接触部位、河流切割较深部位,因太行山的相对抬升,使得古老地层出露于山脚下;在嵩箕地区主要分布于抬升幅度较大、隆起较高的地区,如嵩箕隆起北侧的大封门山—马鞍山—嵩山一带及南侧的鳌头—老坡寨一带;在北秦岭构造带主要分布于卢氏—栾川—确山断裂以北的灵宝—洛宁—嵩县—鲁山—舞阳一带的隆起核心位置。

2.1 区域地层

　　区域地层属华北地层区,出露地层主要有太古宇登封群、太华群,元古宇嵩山群、银鱼沟群、熊耳群、汝阳群、洛峪群,古生界寒武系、奥陶系、石炭系、二叠系,中生界三叠系、侏罗系、白垩系及新生界第三系、第四系(见图2-1、图2-2)。太古宇、元古宇古老地层出露于隆起区,古生界地层围绕隆起区分布,中生界及新生界分布于盆地中。太古宇登封群、太华群主要岩性为混合岩化变粒岩、混合花岗岩夹斜长角闪岩、角闪片岩、斜长黑云片岩等,为一套中深变质岩系。元古宇嵩山群、银鱼沟群、熊耳群、汝阳群、洛峪群主要岩性为石英砂岩、碳酸盐岩、浅变质的石英岩、绢云母石英片岩等碎屑岩、浅变质岩。熊耳群为一套中基性火山岩,为华北古地块盖层。

界(宇)	系(群)	统	组	段	符号	柱状图	厚度(m)	岩性描述
新生界	第四系							近代河床及河漫滩冲积砂、砂砾石层及风成砂。亚黏土、亚砂土、细砂、粉砂等
	新近系							红色含砂砾黏土岩、砂质黏土页岩与红色黏土质砂砾岩互层
中生界	白垩系				K		855	基性火山岩,中~薄层状晶质碎屑凝灰岩。上部紫红色泥岩,石英砂岩、页岩、泥灰岩
	侏罗系				J₁		341~478	黄绿色页岩与黄色薄层细砂岩互层,局部夹炭质页岩
	三叠系	上统			T₃		228~434	黄绿色石英砂岩,长石石英砂岩,粉砂岩,砂质页岩,灰浅黄、黄褐色石英砂岩,暗紫红色粉砂岩,砂质页岩
		中下统			T₁₊₂		598	紫红色钙质粉砂岩砂质页岩,细砂岩,红色长石石英砂岩
古生界	二叠系	上统	石千峰组	上段	P₂sh²		364~545	紫红色钙质粉砂岩与中粗粒砂岩互层
				下段	P₂sh¹		106~320	暗紫红、黄褐色厚层状中细粒长石石英砂岩、页岩
			上石盒子组	上段	P₂s²		113~278	灰白、黄绿色厚层状中粗粒长石石英砂岩夹黄绿色岩
				下段	P₂s¹		290~691	黄绿、黄褐色砂质页岩,黄绿色中粗粒砂岩夹煤线
		下统	下石盒子组		P₁x		153~186	灰黄、黄绿色厚层细砂岩,长石石英砂岩与砂质页岩互层
			山西组		P₁s		73~88	灰黄、灰绿色砂质页岩,炭质页岩,细砂岩,夹煤数层
	石炭系	上统	太原组		C₂t		30~80	灰色厚层状生物灰岩,砂质页岩,炭质页岩夹煤线
			本溪组		C₂b		5~60	杂色铁质黏土岩、灰色铝土矿、黏土岩、铝质页岩
	奥陶系	中统	峰峰组		O₂f		35~222	灰黄色粉晶灰岩、泥晶灰岩、砂屑灰岩
			马家沟组		O₂m		50~450	灰黄色厚层泥质灰岩夹黄绿色页岩、角砾状灰岩
			贾汪组				大于60	灰色、灰黄色含燧石白云岩
	寒武系	上统	凤山组		Є₃f		119	灰色燧石条带及团块白云岩,夹泥质白云质灰岩
			长山组		Є₃c		46	灰、深灰色白云岩、鲕状白云岩、薄层泥质白云质灰岩
			崮山组		Є₃g		170	深灰色厚层白云岩、鲕状白云岩,局部含燧石团块
		中统	张夏组		Є₂zh		54~265	深灰色厚层状泥质条带鲕状灰岩,致密灰岩
			徐庄组		Є₂x		53~241	紫红、浅黄色泥质条带灰岩,鲕状灰岩,海绿石砂岩
			毛庄组		Є₂m		66~197	紫红、浅黄色含云母砂质页岩夹粉砂岩,厚层灰岩
		下统	馒头组		Є₁m		57~85	灰黄、紫红色泥质灰岩,泥质灰岩夹砂质灰岩
			辛集组		Є₁x		28~134	上部为白云质灰岩,下部为浅红色含砾砂岩、砂砾岩
元古宇	震旦系		罗圈组		Z1		19~397	灰黄、紫红色砂质页岩夹粉砂岩,冰积岩
			洛峪群				289~633	灰紫、灰黄色砂质页岩,泥灰岩、灰岩,泥质灰岩夹细紫红、灰白色厚层粗粒石英砂岩,底部为砂砾岩
			汝阳群				600~1 400	浅紫红、灰黄色中厚层状中粗粒石英砂岩夹页岩、砾岩
			熊耳群				1 000~7 600	灰绿、黑绿、紫灰色安山玢岩、杏仁状安山岩夹流纹岩、火山碎屑岩、玄武安山岩及粗面岩
			嵩山群				1 000~3 000	灰白色厚、中厚层状中粒石英岩,上部绢云石英片岩
太古宇	登封群/太华群						2 000~3 000	灰绿色中粒斜长角闪岩,斜长片麻岩夹黑云斜长片麻岩,混合岩化强烈,形成混合麻岩

图 2-1 河南省西北地区地层综合柱状图

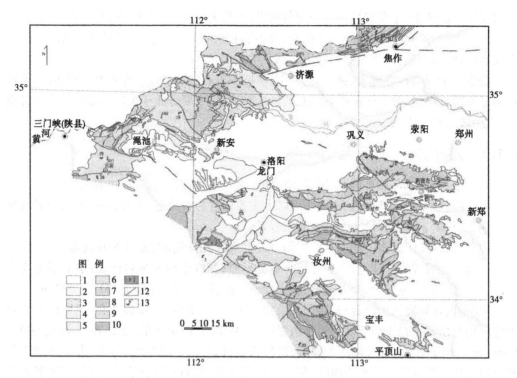

1—第四系;2—第三系;3—白垩系;4—侏罗系;5—三叠系;6—二叠系;7—石炭系;
8—寒武—奥陶系;9—元古宇;10—太古宇;11—燕山期花岗岩;12—断裂构造;13—地层产状

图 2-2　河南省西北地区区域地质图

下古生界地层有寒武系及奥陶系下、中统。寒武系主要岩性为中厚层、巨厚层白云岩、灰质白云岩、灰岩等,厚度达数百米,为滨海—浅海相碳酸盐岩建造,下、中、上统均有出露,在河南省西北地区分布广泛。奥陶系主要岩性有白云质灰岩、泥质灰岩、灰岩等,仅出露下统、中统,上统缺失,为浅海—潟湖相碳酸盐岩建造,分布于三门峡—登封—禹州—许昌以北。上古生界地层有石炭系上统及二叠系地层。石炭系上统本溪组由褐黄、灰色黏土岩、铝土矿、绿泥石黏土岩及少许砂岩、粉砂岩组成。下部为"山西式铁矿",局部为硫铁矿;中部为铝(黏)土含矿岩系;上部为砂质黏土页岩、炭质黏土页岩,局部夹薄煤层,厚 2～20 m,局部岩溶洼斗中厚 60 m,与下伏地层呈平行不整合接触,为铝土矿赋存层位。石炭系上统太原组主要岩性为青灰色燧石灰岩、生物灰岩与砂岩、页岩及黏土岩互层夹薄煤层,厚度 30～80 m,与下伏地层呈整合接触,煤层局部可采,区域上和本溪组出露地区一致。二叠系主要岩性为石英砂岩、砂质页岩及煤层,为一套湖沼相、河流相的含煤建造、碎屑岩建造,为河南省西北地区主要含煤层位,与下伏地层呈整合接触,在河南省西北地区洼陷盆地中广泛分布。

中生界地层有三叠系、侏罗系、白垩系。三叠系主要岩性为紫红色、黄绿色砂岩和钙质粉砂岩、砂质页岩、泥质页岩、钙质页岩互层,为沼泽湖泊相的红色建造。侏罗系以灰绿色的砂岩和页岩为主,夹有煤层。下部黄绿色细砂岩与页岩互层;中部紫色砂质页岩和灰色细粒砂岩互层;上部为灰白色砂岩、页岩夹可采煤 4 层,有时见淡红色长石砂岩和杂色页岩互层。白垩系,主要岩性顶部为紫色页岩,上部为流纹岩,具流动擦痕及杏仁状构造,下部为安山岩,厚600~1 500 m,为陆相、火山岩相沉积岩。三叠系在河南省西北地区分布较为广泛,侏罗系、白垩系面积较小。

新生界主要岩性有砾岩、黄土、亚黏土、洪坡积砾石层、流沙层,厚度0~30 m,与下伏地层呈不整合接触,分布于河南省西北地区广大地区,主要分布于平原、盆地、山间沟谷及山顶、山坡相对平坦处。

2.1.1 元古宇

元古宇有嵩山群、熊耳群、汝阳群、洛峪群、震旦系等,为中朝古板块盖层。

嵩山群:分布于嵩箕地区、王屋山地区。主要岩性为石英岩、长石石英砂岩、绢云石英片岩、绢云片岩、千枚岩等,为一套浅变质岩系。

熊耳群:分布于北秦岭构造带的舞阳—灵宝地区、岱嵋寨隆起、王屋山隆起。

底部为陆源碎屑岩建造,由含砾长石石英砂岩、紫红色砂质页岩构成;中上部主要为安山岩、安山玢岩、流纹岩、英安斑岩,属中性—中酸性火山岩,厚度1 000~7 600 m。

汝阳群:在研究区广泛分布,舞阳—灵宝地区、嵩箕地区、岱嵋寨隆起、王屋山—太行山地区均有出露。自下而上划分为小沟背组、云梦山组、白草坪组、北大尖组,厚度600~1 400 m。小沟背组仅分布在济源地区,以砾岩、砂砾岩、含砾粗砂岩为主,为一套河流相砂砾岩沉积。云梦山组主要为肉红、灰白色石英砂岩、长石石英砂岩夹泥页岩,底部为河流相砾岩。白草坪组下部为紫红、灰绿色页岩夹薄层石英砂岩,上部为薄层石英砂岩夹页岩。北大尖组为灰白、黄褐色石英砂岩、长石石英砂岩夹灰绿色页岩、海绿石砂岩、(砾屑)白云岩、叠层石白云岩、赤铁矿砂岩。以河流—浅海相碎屑岩沉积为主。

洛峪群:主要分布于舞阳—灵宝地区、嵩箕地区,王屋山—太行山地区缺失。自下而上划分为崔庄组、三教堂组、洛峪口组。崔庄组以灰绿、紫红色页岩为主,下部夹灰黑色页岩、灰岩,上部夹薄层石英砂岩;三教堂组以灰白、浅肉红色石英砂岩为主,顶部夹海绿石砂岩、灰绿色页岩;洛峪口组下部为灰绿色页岩,中部为浅紫红色叠层石灰岩夹沉凝灰岩,上部为灰白色含燧石团块白云岩。以浅海相碎屑岩—碳酸盐岩沉积为主,厚度289~633 m。

震旦系:岩性主要为杂色页岩,夹泥质粉砂岩、海绿石砂岩、杂色泥钙质、泥硅质、泥沙质胶结的冰碛砾岩,夹含砾砂质页岩及灰白色、浅绿色泥页岩,出露厚13~397 m,元古宇主要出露于隆起区的太古宇周围,在局部地区构成隆起的核心。

2.1.2 下古生界

下古生界主要有寒武系及下、中奥陶统,为一套厚度巨大的海相碳酸盐岩沉积岩系,主要岩性有灰岩、白云质灰岩等,寒武系底部出现少量砾岩、砂岩、页岩等。上奥陶统、志留系缺失。

寒武系在研究区广泛分布,从下到上可以划分为辛集组、馒头组、毛庄组、徐庄组、张夏组、崮山组。除辛集组与震旦系呈平行不整合外,其他各组均为整合接触。辛集组:岩性为灰色细粒石英砂岩、铁钙质细砂岩、粉砂岩、含磷粉砂岩,厚28~134 m;馒头组:紫红色砂质页岩、粉砂岩,内夹薄层灰岩、鲕状灰岩,厚57~85 m;毛庄组:紫红、浅黄含云母砂页岩、厚层灰岩,厚66~197 m。徐庄组:紫红、浅黄泥质条带灰岩、鲕状灰岩、海绿石砂岩,厚53~241 m。张夏组:主要岩性为灰色、深灰色厚层鲕状灰岩、鲕状白云岩、白云质灰岩,厚度54~265 m;崮山组:主要岩性为灰黄色薄—中厚层泥质条带白云岩、灰色厚层细晶白云岩、含黑色燧石团块白云岩,厚170 m;长山组:灰色白云岩,鲕状白云岩,厚46 m;凤山组:灰色含燧石条带团块白云岩,厚119 m。

奥陶系:广泛分布于研究区,普遍缺失上奥陶统,嵩箕地区以南,奥陶系缺失。从下到上可以划分为冶里组、亮甲山组、下马家沟组、上马家沟组、峰峰组。

下统冶里组:主要岩性为灰色、灰黄色含燧石条带细晶白云岩,厚度大于30 m。

下统亮甲山组:下部岩性为灰色、灰白色厚层含燧石团块白云岩,上部为灰白色中厚层含灰质泥晶白云岩,厚度大于30 m;中统下马家沟组:下部为灰黄色薄层粉晶白云岩、黄绿色页岩,中部为灰色中薄层泥晶白云质灰岩夹厚层泥晶灰岩,上部为白云质灰岩、白云岩等,厚度5~128 m;中统上马家沟组:下部为灰黄色薄层粉晶白云岩、中层白云质灰岩,中部为灰色厚层花斑状泥晶灰岩,含白云质灰岩、白云岩,上部为浅灰色、灰黄色中薄层钙质白云质岩、白云岩等。厚度44~322 m。

中统峰峰组:主要岩性为灰黄色角砾状粉晶灰岩、黄色圪塔状泥晶白云岩、亮晶砂屑灰岩等,厚度35~222 m,与下伏地层呈整合接触。

2.1.3 陕渑新地区

陕渑新地区指河南省西部行政区划涉及三门峡市和洛阳市的陕县、渑池、新安等县市的铝土矿成矿区域。该区南侧紧邻秦岭造山带,北侧为岱嵋寨隆起,中间为陕县—新安盆地。区域构造线方向整体上呈北西西向、近东西向,陕县盆地北东向构造发育。该区变形强烈、褶皱、断裂构造发育。主要的褶皱构造有岱嵋寨背斜、渑池向斜、新安向斜。主要的断层有近东西向、北西向、北东向三组。在陕县地区北东向断层密集发育,形成陕县断陷盆地。岱嵋寨穹隆式背斜,位于该区北部,总体呈直径约30 km的穹隆状,南侧呈北西向,东侧呈北北东向,核部由元古界火山岩、陆相碎屑岩组成,南、东为陕县断陷盆地、渑池—新安向斜盆地,渑池—新安向斜核部分布有三叠系及侏罗系,背斜翼部依次出露寒武系、奥陶系、石炭系、二叠系、三叠系,产状平缓,倾向南、东,倾角5°~10°。地层的产状、分布受构造控制。

在陕县断陷盆地,北东向阶梯状断层非常发育,含矿岩系分布于北东向构造形成的地堑中,除局部地区反倾外,地层主要呈向南倾斜的单斜状,中部叠加有近东西向的小型向斜构造。

渑池—新安向斜盆地整体上呈北西向展布,宽约20 km,长约40 km。北翼较为完整,地层出露连续,南翼受义马断层影响,隐伏于断层之下,出露较差。核部出露三叠系及侏罗系,新生界广泛分布。

陕渑新地区断层主要有近东西向、北西向、北东向三组。

北东向断层组:主要分布于陕县断陷盆地,以扣门山断层为代表,呈北北东至北东向展布,自穹隆中央坡头断层向西,属压扭性正断层及平推正断层,表现为顺时针方向扭动,北北东向断层相对比较密集,规模较小;北东向断裂相对较稀,规模较大,两者呈"Y"字形交接,断层倾向多为北西,倾角70°～80°以上,断距数十至百米。断层一般间隔数千米一条,构成阶梯状断层组。

北西向断层组:主要分布在区域南部、东部,西部较少,与北东向断层组呈"八"字形交会,以龙潭沟断层为代表,向北东方向断层密度增加,走向渐转向东西,且有西部收敛、东部散开之势。龙潭沟断层走向北西,倾向北东,倾角70°～80°,属平推正断层,断层规模较大,延长深远,并伴生紧密背斜,断层北东盘向北西推移数千米,显示压扭性质,表现为反时针方向扭动。北东部其他北三叠系(T):为沼泽、湖泊相红色建造,主要岩性为紫红、黄绿色砂岩和钙质粉砂岩、砂质页岩、泥质页岩、钙质页岩互层。三叠系分布于河南省西北地区大多数盆地,如济源—洛阳盆地、陕渑新盆地、嵩箕隆起的颍阳—新密盆地,是这些向斜盆地参与向斜构造的最年轻地层。

侏罗系(J):为淡水湖泊相沉积。以灰绿色的砂岩和页岩为主,夹有煤层,上部为灰白色砂岩、页岩夹可采煤4层,有时见淡红色长石砂岩和杂色页岩互层,中部紫色砂质页岩和灰色细粒砂岩互层,下部黄绿色细砂岩与页岩互层。零星分布于陕渑新盆地及济源—洛阳盆地,厚度341～478 m。

白垩系(K):为陆相河湖相碎屑岩及陆相火山沉积,火山岩分布广泛。白垩纪沉积的火山岩分布面积较大,在渑池、汝阳、嵩县、宝丰一带广泛分布。分布在宝丰一带的叫大营组。该组与下伏二叠系呈角度不整合接触。上段:上部为紫红色辉石黑云母安山岩、安山集块岩;中部为灰紫色、灰黄色安山质角砾岩、集块岩;下部为深灰、紫红色杏仁状安山岩、辉石安山岩、安山集块岩;底部为褐红色、紫红色岩屑砂岩、岩屑长石石英砂岩、含砾砂岩夹泥岩。厚度大于300 m。下段:主要岩性为杂色砾岩、钙质砂砾岩、钙质砂岩夹泥岩。厚163 m。在鲁山任店、灵宝、栾川谭头等盆地有白垩系黏土岩、砾岩、泥灰岩出露。

2.1.4 新生界

新生界在华北平原、河南省西北地区盆地中广泛分布,厚度巨大。

第三系:为陆相沉积的砂岩、页岩建造。主要岩性为砂质泥灰岩、砂质泥岩、粉砂质泥岩、泥质砂岩、厚层泥晶灰岩,夹黏土岩和砂岩。厚60～1 000 m。

第四系:砾石层、黄土、亚黏土、洪坡积砾石层、流沙层,厚度0～5 000 m,主要分布于平原、盆地、山间沟谷及山顶、山坡相对平坦处。

2.2 区域构造

2.2.1 区域构造发展简史

太古宇以登封群、太华群为代表的结晶基底形成以后,元古宇沉积了以嵩山群、银鱼沟群、汝阳群、洛峪群为代表的碎屑岩建造。古生代早期,河南省西北地区重新下降接受海侵,形成寒武—奥陶系厚度巨大的碳酸盐岩建造。晚奥陶世又上升成为陆地,整个华北古板块缺失上奥陶统、志留—泥盆系及下石炭统,直到晚石炭世才又下降接受海侵,形成下石炭统底部的铁铝含矿岩系及其上的灰岩、砂岩、黏土页岩为特征的海陆交互相地层。二叠纪，海侵结束，形成了以煤层、黏土页岩、砂岩为代表的陆相盆地沉积。三叠纪盆地进一步缩小，印支运动使河南全省大部分地区隆起成陆，河南省西北地区发育局部的断陷盆地及火山活动。白垩纪晚期以来，差异升降运动明显，内陆盆地规模扩大，沉积了第三系山麓相、河流相沉积物和第四系黄土，局部厚达千米以上。

　　研究区主要构造有褶皱构造和断裂构造。褶皱构造主要有陕渑新地区的渑池—新安向斜、岱嵋寨背斜；嵩箕地区的嵩山背斜、箕山背斜、颍阳—新密向斜、禹州向斜；焦作济源地区的克井向斜、常平向斜、焦作—汲县向斜等(见图2-3)。

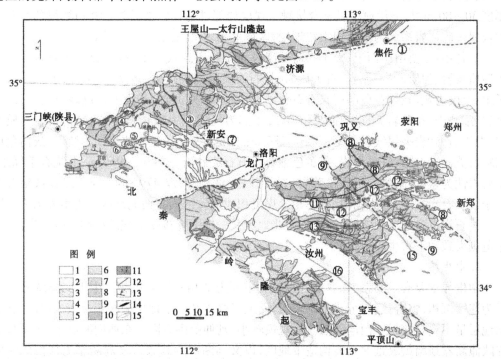

1—第四系；2—第三系；3—白垩系；4—侏罗系；5—三叠系；6—二叠系；7—石炭系；
8—寒武—奥陶系；9—元古宇；10—太古宇；11—燕山期花岗岩；12—断裂构造；13—地层产状；14—背斜；15—向斜
①焦作—商丘断裂；②盘古寺断裂；③龙潭沟断裂；④扣门山断裂；⑤渑池向斜；⑥义马断裂；
⑦新安向斜；⑧五指岭断裂；⑨嵩山断裂；⑩嵩山背斜；⑪月湾断裂；⑫颍阳—新密向斜；
⑬箕山背斜；⑭郭沟—送表断层；⑮禹州向斜；⑯汝州向斜

图2-3　河南省西北地区区域构造地质简图

2.2.2　断裂构造

　　主要有北东向和北西西向，大致以焦作—商丘断裂为界，以北地区的断裂构造以北北东向为主，以南地区则以近东西向或北西西向为主。

　　下古生界为中朝古板块标志性地层，为河南省西北地区铝土矿区域分布最广的地层，一般围绕隆起区的古老地层分布。河南省西北地区石炭系铝土矿赋存于寒武—奥陶系碳酸盐岩古风化面上。

1. 上古生界

上古生界广泛分布于华北地区,主要有上石炭统、二叠系。泥盆系、下石炭统缺失。为一套海侵系列的灰岩、陆源碎屑岩沉积及陆相湖泊沉积。

上石炭统有本溪组和太原组。本溪组:主要岩性有褐黄、灰色黏土岩、铝土矿、黏土岩、碳质黏土岩。下部为"山西式铁矿",局部为硫铁矿,中部为铝(黏)土含矿岩系,上部为砂质黏土页岩、碳质黏土页岩,局部夹薄煤层。厚度 5～60 m,为古风化壳、海侵系列底部的湖泊、沼泽相沉积。与下伏地层呈平行不整合接触。为铝土矿、黏土矿、铁矿赋存层位;太原组:主要岩性有青灰色燧石灰岩、生物灰岩与砂岩、页岩及黏土岩互层夹薄煤层,厚度 30～80 m,与下伏地层呈整合接触。煤层局部可采,称一煤组。为海相、海陆交互相的灰岩—碎屑岩系。为本溪组上覆地层,区域上和本溪组出露地区一致。

二叠系:主要由山西组、上下石盒子组及石千峰组组成。下统山西组:主要岩性为杂色砂质页岩、泥质砂岩、泥岩、石英砂岩、长石石英砂岩夹煤岩,厚 73～88 m;下统下石盒子组:上段为灰白、浅黄色厚层长石石英砂岩、粉砂岩夹页岩,下段为杂色砂质页岩、泥质页岩、细砂岩、粉砂岩夹页岩和煤线(层),底部为褐黄色中粒长石石英砂岩、杂色泥质页岩、泥岩、粉砂岩夹煤线(层),厚 153～186 m;上统上石盒子组主要岩性为紫红、灰白色中细粒石英砂岩,夹紫红色页岩、灰黄色细粒长石石英砂岩,厚 403～969 m;上统石千峰组:主要岩性为紫红、暗紫红钙质粉砂岩、石英砂岩、页岩等,厚 470～865 m。二叠系整合覆盖于下伏石炭系之上,为湖泊、沼泽相含煤沉积建造。河南省西北地区上古生界为晚奥陶世—早石炭世隆起剥蚀之后,河南省西北地区又一次下降接受沉积的产物。分布广泛,分布范围大致和下古生界一致。

2. 中生界

中生界主要有三叠系、侏罗系、白垩系,主要为陆相碎屑岩沉积。中下三叠统和二叠系为连续沉积,整合接触,分布范围较大,而上三叠统及其上地层分布相对较为局限,和下伏地层呈不整合接触。西向断层一般规模较小,延伸范围有限。东西向断层组:主要分布在陕渑新盆地南侧靠近北秦岭构造带地区,以义马断层为代表。义马断层为规模巨大的逆(冲)断层,断距数百米以上,断层靠近渑池向斜的向斜轴,使渑池向斜南翼倒转并隐伏其下。此外,渑池向斜北部,还有稀疏的几条近东西向正断层,断距一般数十至百米。

3. 嵩箕地区

嵩箕地区指河南省中部嵩山、箕山及附近地区的铝土矿分布区,行政区划包括郑州、洛阳、平顶山三市的伊川、偃师、巩义、荥阳、登封、新密、禹州、新郑、汝州等县市。该区主要构造线呈近东西向,主要褶皱构造有嵩山、箕山背斜和颍阳—新密向斜、白沙向斜等,主要断裂构造有近东西向、北西向、北东向三组,近东西向构造对区域地形、地层控制明显,北西向断层规模大、延伸远、切割深,使得近东西向构造有明显的错动。嵩山、箕山背斜轴向近东西向,位于嵩箕地区的两侧,两者中间为颍阳—新密向斜。背斜核部出露登封群、嵩山群,向斜的核部为三叠系,翼部出露元古宇、古生界,中新生界,地层倾向盆地,倾角平缓、一般为 $10°～20°$。

嵩箕地区断层主要有近东西向、北西向、北东向三组。各组断裂纵横交错,将嵩箕地区切割为大小不等的菱形断块。近东西向断层形成较早,奠定了嵩箕地区的基本轮廓。

比较重要的有月湾断层、郭沟—送表断层等,其中月湾断层规模较大,构成嵩山和颍阳—新密盆地的边界。下盘为嵩山群,上盘为下第三系,说明该断层在第三纪有较大规模的活动。

北西向断层为剪切平移断层,地表呈直线状,断面近直立。切割了早期形成的近东西向构造。规模较大的有郑州—尉氏断层、五指岭断层、嵩山断层等。其中五指岭断层规模较大:出露于巩义—庙凹—登封—步岭—新密花家岭一线,北越黄河,南抵许昌,其总体走向315°,断裂由几米至上百米宽的破碎带和若干条规模不等的、相互平行的断层组成。主干断裂面总体上向北东倾斜,倾角较陡,一般70°~80°,地表形成宽达300 m左右的断裂谷地。北东向断层发育晚、数量多、规模小,较为常见,在嵩箕地区东部密集分布。

其他主要铝土矿区未见侵入岩,陕县断陷盆地的侵入岩顺层产出于围岩中,对铝土矿无明显影响。中、新生代火山岩发育于汝州—宝丰盆地,在宝丰大营,厚度巨大的白垩系中基性火山岩覆盖于二叠系上,在汝阳内埠,中基性火山岩覆盖于第四系之上。

2.3 区域矿产

区域矿产主要有煤、铝土矿、黏土矿、水泥灰岩、熔剂灰岩、黄铁矿、铁矿等,其中煤、铝土矿、黏土矿、水泥灰岩为区域优势矿种,得到了大规模的开采。

煤矿为区域最为重要的矿产资源,本溪组上覆石炭系太原组、二叠系山西组、石盒子组为含煤地层,除隆起区剥蚀之外,在河南省西北地区广泛发育。太原组一$_1$煤为大面积可采煤层,山西组二$_1$煤为普遍可采煤层。安阳、鹤壁等地一$_1$煤一般厚1~2 m,由河南省北延续到济源、新安、陕渑、宜洛、荥巩、新密等地,到临汝、禹州、平顶山一带变为不可采煤层。河南省主要隆起区周围新生界覆盖较薄地区,均有重要煤矿。河南省主要铝土矿成矿区,如渑池、义马、新安、宜阳、伊川、焦作、济源、偃师、巩义、新密、登封、郏县、禹州、汝阳、汝州、宝丰、鲁山等均为重要的煤产地。

河南省西北地区为我国最为重要的铝土矿、黏土矿产地。铝土矿和黏土矿赋存于石炭系本溪组中上部,区域上本溪组围绕河南省西北地区主要隆起区,基本连续出现,局部形成铝土矿、黏土矿,目前河南省西北地区隆起区周围均有铝土矿、黏土矿发现。铝土矿采矿区及勘探区主要分布于隆起周围本溪组露头附近、无煤矿采矿权设置的地区。

山西式铁矿、硫铁矿赋存于石炭系本溪组底部的铁质黏土岩带,规模小、品位低、分布零星,目前未进行大规模开发利用。

水泥灰岩主要赋存于寒武系张夏组,规模大、分布广、质量高,规模较大、交通运输条件较好地区的水泥灰岩,得到了大规模的开发利用。

熔剂灰岩主要分布于石炭系太原组,为生物屑灰岩,多在勘探铝土矿时进行了综合评价,目前未得到大规模开采利用。

第3章 河南省西北地区铝土矿的矿床成因

3.1 控制铝土矿形成和富集的主要因素

河南省西北地区铝土矿的形成经历了原生富集、成岩蚀变和表生富集等若干阶段,这些阶段对铝土矿的形成和富集都起着重要的作用。为了客观地、定量地了解和评价这些阶段对铝土矿的控制和影响程度,对济源下冶铝土矿、曹窑铝土矿、雷沟铝土矿焦作上刘庄、沁阳盆窑的全部钻孔资料进行了重点分析。含矿岩系厚度代表原生成矿条件(古风化壳和岩溶地形的发育程度),以铝土矿厚度、富矿厚度、工程平均品位代表铝土矿的形成和富集程度,以顶板埋深和基岩盖层厚度代表成岩蚀变和表生富集的影响。

3.2 矿层厚度的影响因素

与铝土矿层厚度关系最为密切的因素为含矿岩系厚度,二者为较高的正相关。相关系数 0.38~0.76,平均 0.49,这一数据表明由岩溶古地形决定的含矿岩系厚度(原生成矿作用)乃是铝土矿形成的最主要控制因素。含矿岩系厚度(岩溶负地形深度)越大,形成的铝土矿越厚。代表表生富集作用影响的顶板埋深和基岩盖层厚度与铝土矿厚度则基本显示弱的负相关关系。这种弱的负相关性反映了两个部分:一是与矿层厚度密切正相关的含矿岩系厚度与埋藏深度有弱的负相关,因此铝土矿层厚度必然也与埋深有弱的负相关。二是表生富集作用对矿层厚度的影响,这种影响看来是有限的。至于矿层顶板埋深和基岩盖层厚度与铝土矿层厚度显示的十分一致的弱的负相关性则表明,新生界及前新生界以来的表生富集作用为一个统一的过程,没有明显的阶段差异。

3.3 富集程度

富矿层厚度(以铝硅比≥6 为边界圈定)和工程平均品位两项指标可以代表铝土矿层的富集程度。

3.3.1 富矿层厚度

富矿层厚度与铝土矿层厚度和含矿岩系厚度均显示了较高的正相关。相关系数分别为 0.85~0.95(平均 0.90)和 0.25~0.70(平均 0.37);而与顶板埋深和基岩盖层厚度显示弱的负相关。这些数据表明富矿厚度主要受原生富集因素控制,表生富集作用对富矿厚度的影响是次要的。

3.3.2　工程平均品位

工程平均品位与富矿厚度的变化非常一致。二者本身的相关系数为 0.53~0.75,平均 0.59,与铝土矿厚度和含矿岩系厚度与显示较高的正相关,相关系数分别为 0.49~0.70(平均 0.58)和 0.22~0.58(平均 0.28),与顶板埋深显示弱的负相关或不明显相关;如焦作上刘庄区为 -0.37 和 -0.34,济源下冶矿区为 0.07 和 0.05,沁阳盆窑矿区为 0.04 和 -0.02,平均为 -0.10 和 -0.13。这些数据表明,工程平均品位也主要受原生成矿条件控制,而表生富集的影响是次要的。

3.4　岩溶古地形及其控矿作用

河南省西北地区本溪组含矿岩系下伏岩溶古地形对铝土矿的分布起着严格的控制作用(见图 3-1),研究并阐明其分布和控矿规律,对了解铝土矿的富集机制和找矿工作都有重要意义。但由于该古地形为埋藏的古地形,且普遍遭受了不同程度的构造变动,因此研究难度较大。目前,国内外尚无成功的先例,笔者也仅仅作了一些肤浅的探索。

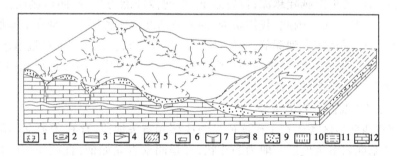

1—溶斗;2—溶洼;3—溶盆;4—水系;5—水体;6—海侵方向;7—溶水洞;8—暗河;
9—富铝风化壳;10—风化壳堆积物;11—风化壳沉积物;12—碳酸盐岩

图 3-1　河南省西北地区本溪组黏(铝)土矿成矿期岩溶古地形模式图

3.5　区域古地形格局及其控矿作用

区域古地形格局对成矿的控制主要表现在坳陷的规模对成矿作用强度的控制上,铝土矿均分布于坳陷的边缘,坳陷规模越大,其边缘矿带的规模也越大。如沁阳—开封坳陷为巨型华北坳陷的南缘部分,其边缘地带已探明储量达 23 925 万 t,位居各坳陷之首,且矿床以大型为主。而宜阳坳陷和登密坳陷为狭小坳陷,成矿条件差,仅分布着一些中小型矿床,总储量不大。其他如渑池坳陷和临襄坳陷规模中等,其边缘也分布着一些中大型矿床。坳陷的规模之所以控制了铝土矿成矿作用的强度,可能和坳陷内的成矿期古地形特点有关。宽阔的大型坳陷内空间广阔,岩溶地形分异明显,从隆起的硅酸盐岩高地向坳陷中心岩溶平原之间的丘陵过渡地带宽阔,而这一地带正是富铝风化壳发育的有利地带。狭小的坳陷内由于两侧隆起的限制,内部空间有限,如中心部分位置较低,则由硅酸盐岩高地向中央低地的过渡就剧烈而狭窄,有利于富铝风化壳发育的丘陵地带发育有限,矿带的规模小而狭窄,如登密坳陷的西段。如果坳陷内地形总体较高,潜水面较低,则以垂向侵蚀作用为主,受构造线的控制,发育一系列重复出现的岩溶长坦和其间的谷地。在二者之间的适当部位也形成一些富铝风化壳,但规模也较小。

3.6　矿区范围内的岩溶古地形特征及其控矿作用

虽然从岩相古地理角度,根据主要的岩相标志,可以把一定范围内若干矿区归入一个沉积岩相区,但从一个矿区范围来看,其沉积的微地形和微环境还是有明显差异的,根据如下:

(1)不同形态矿体的分布规律表明铝土矿就位时其高程位置不同。

河南省西北地区各铝土矿矿区普遍存在这样一个规律,由矿体露头部分向深部,矿体、含矿岩系以及对应的基底岩溶古地形,都有由变化剧烈到趋于平缓简单的趋势。对于这种现象,笔者认为这是从盆地的边缘向中心地形的原始高程不同所致。因为根据岩溶地形的发育规律,其垂向侵蚀能力和极限均受潜水面所控制:位置越高,其垂向侵蚀能力越强,形成的岩溶负地形越陡越深;位置越低,垂向侵蚀能力越弱,而以侧向侵蚀为主,形成的岩溶地形就越平缓。因此,我们认为,河南省西北地区各铝土矿剖面上基底岩溶地形的这种变化,反映了从露头到深部,原始地面高程逐渐降低,底部逐渐接近潜水面,垂向侵蚀作用逐渐减弱而侧面侵蚀作用逐渐增强的结果。至于为什么古今地形和构造格局往往相似,笔者则认为是构造继承性发展的结果。

(2)深大溶斗及同生岩溶现象。

在河南省西北地区各个铝土矿成矿带的浅部和露头地段,存在为数众多的溶斗状矿体,其对应的基底岩溶负地形一般为漏斗状,又是四壁直立如桶,直径和深度相近。据分析,这些溶斗当时分布的位置应在潜水面以上较高地段。这些溶斗中现存的含矿岩系厚度往往达 30 ~ 50 m,比矿区的平均厚度要大得多。由于压实成岩过程中其体积有明显的变化,故未成岩以前的原始厚度(亦即溶斗的深度)就更大。如济源下冶铝土矿区 10 号矿体(见图 3-2)是一个部分剥蚀破坏了溶斗状矿体,现存含矿岩系厚度上有 65 m,推测其压实成岩以前的原始厚度(深度)可能近百米。如此深大溶斗,就是在构造升降强烈的第四纪现今也难以看到,在构造作用平缓的中石炭世,如何在大气环境中发育这样一个深大溶斗(一旦被水淹没,溶斗即停止发育)并长期保持其不被破坏,等待后来海侵以后再接受沉积物充填,实在令人难以想象。一个合理的解释是,在岩溶发育的较早阶段,雏形的溶斗中就有残积—堆积的红土物质。在后来的发展中,这个雏形溶斗一边接受四周汇水及其带来的红土物质,一边随着地下水的垂直排泄而继续向下溶蚀,其中已经堆积的红土物质也随之一起下降。这个过程的持续进行,使溶斗得以不断加深。四周汇水所带来的红土物质充填在溶斗中,一方面对溶斗壁起了一种支撑和保护作用而使其不能坍塌破坏;另一方面也增加了新的成矿物质,这可能便是溶斗及其中的铝土矿形成的过程。事实上,所有溶斗中的层理(铝土矿及围岩)都向中心倾斜,并且倾斜的角度上缓下陡,边陡心缓,中心部呈水平状。在溶斗内壁和其中的含矿岩系接触的界面处,存在着一层"贴壁黏土"，与溶斗壁平行并与含矿岩系过渡，铝土矿体下伏的黏土层理与溶斗壁平行形成"贴壁黏土"，"贴壁黏土"和新鲜的奥陶系灰岩之间有一风化灰岩混合黏土的过渡层。这种现象，有人称之为"次生岩溶"，笔者认为它和溶斗中的铝土矿是同时形成的，因此应称之为"同生岩溶"，并认为所有的溶斗及其中的铝土矿都是这种过程的产物。当然，由于暴雨，洪水以及区域性的潜水面升降或海平面的波动等影响，有时溶斗中也会充水，因此也可产生各种沉积层理构造。但在整体溶斗的发育过程中，冲水的时间只是短暂的或间歇的，而大多数时间则应在潜水面以上的大气环境。

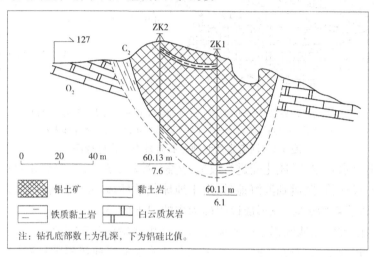

图 3-2　济源下冶铝土矿区 10 号矿体剖面图

3.7　矿床成因

根据河南省西北地区铝土矿矿床地质特征、成矿模式，并根据成矿物质来源等方面的研究，笔者认为含矿岩系的物源主要来自于碳酸盐岩的红土风化壳，矿区铝土矿呈似层状、透镜状赋存于碳酸盐岩的红土风化壳之上，在中石炭统本溪组顶部黏土岩中富含炭质及植物碎片，矿层厚度，矿石结构、构造及矿体层产状的变化均受古岩溶地貌控制。

在中石炭世初期，地壳由稳定趋向活动，本区被海水浸没，成为海滨地带，随着时间的推移，滨海逐渐浸变为湖泊，中石炭末期，由于湖盆的填平，湖泊逐渐沼泽化，植物茂盛，逐渐形成了还原环境下的富含有机质及植物碎屑物沉积。从整个本溪组地层的岩性组合、矿产共生情况，以及在河南省西北地区的三门峡、巩义、博爱、沁阳一带本溪组内采集到的腕足类、腹足类、介形类等海相化石，都证明矿床应属滨海—湖沼相沉积。

河南省西北地区铝土矿多呈灰色，含绿泥石和黄铁矿，有机质含量高。河南省西北铝土矿区位于太行山、中条山古陆及洛固古陆之间（见图 3-3），中奥陶沉积了巨厚的碳酸盐岩。由于加里东运动影响，地壳上升为陆地，经历长时期的剥蚀，使马家沟组碳酸盐岩发生红土化作用，含量较少的铁、铝质充分富集，形成巨厚风化壳，为中石炭统地层及铝土矿的形成提供了丰富的物质基础，中石炭世初期，地壳长期剥蚀达到准平原化，形成本溪组基底岩溶地貌。沉积在岛前水下高地亚相区的铝土矿主要是溶斗型铝土矿，矿体规模小而品位高,是小而富铝土矿分布区,沉积在近岛水下扇亚相区的铝土矿,呈层状、似层状铝土矿,矿体规模大,品位较高,是寻找铝土矿的主要远景区。

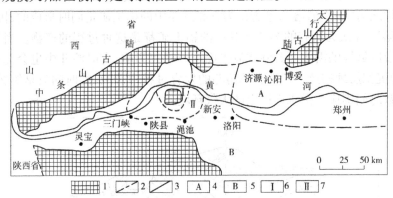

1—古陆(岛)界限;2—相区界限;3—亚相区界限;4—潟湖—海湾沼泽相;
5—滨海—潟湖沼泽相;6—岛前水下高地亚相;7—近岛水下扇亚相

图 3-3 河南省西北地区石炭系岩相古地理图

中石炭世海水入侵,对风化壳进行改造、溶解、冲刷、解体,铁铝氧化物以机械悬浮体或胶体溶液形式迁移,搬运到滨海地带,由于地球化学环境、介质及 pH 值改变,先后铁铝质沉积,当铁质消耗殆尽时,就形成以铝硅为主的铝土矿层。

通过对河南省西北地区铝土矿矿床成因及沉积环境的研究认为:该区铝土矿是以滨海—湖沼相沉积为主,分布在古陆边沿,沉积在岛前水下高地亚相区的铝土矿主要是溶斗型铝土矿,矿体规模小而品位高,是小而富铝土矿分布区,主要分布在河南省西北地区;沉积在近岛水下扇亚相区的铝土矿,呈层状、似层状铝土矿,矿体规模大,品位较高,主要分布在河南省西北地区,是寻找铝土矿的主要远景区。

第4章 河南省西北地区铝土矿成矿时代初探

河南省西北地区铝土矿成矿岩系的成矿时代问题,争论由来已久,到1959年全国第一届地层会议,对该问题做出了如下结论:视上覆地层而定,若其盖层时代为中石炭世,则铝土矿成矿时代也为中石炭世;若其上覆地层为上石炭世,则铝土矿成矿时代为上石炭世。

4.1 对前人观点的认识

综观前辈的观点,关于铝土矿的成矿时代,不外乎四种意见:早石炭世、中石炭世、晚石炭世及假整合。众所周知,受加里东运动的影响,华北地区,包括河南省西北地区自中奥陶世晚期开始已抬升成陆,长期遭受剥蚀。直至中石炭世,华北地台才又逐步接受沉积。所以,早石炭世的观点难以成立。

假整合存在时,上覆地层的底部常有由下伏地层的碎块、砾砂组成的底砾岩层;两套地层之间会有一个较平整的,或高低不平的剥蚀面,其上还可能保存着古风化壳、古土壤或与古风化壳有关的各种沉积矿物,如铁、锰矿物等。这点在石炭—奥陶纪之间的假整合面上可明显看到。

把岩性上的差异作为假整合的依据也是不可取的,我们知道,在海浸或海退的过程中,不可能是一帆风顺的,局部的振荡时有发生,沉积环境的改变造成岩性不同,这都是正常现象。

在沉积过程中,任何一个层面都代表沉积的短暂间歇。在水面以下接近平衡状态的稳定沉积区,沉积过程非常缓慢,甚至会有相当长时期的沉积中断。特殊情况下,可以发生海底局部冲刷和磨蚀。按照传统的概念,只要没有一定广度的陆上剥蚀作用导致已成地层的广泛缺失,则上下地层的接触关系仍可认为是连续的。甚至在陆上沉积盆地的边缘或河流沉积中的河床部分有时出现上下地层的斜交关系,也都不能视为地层的不连续。而在本区内,既未见底砾岩,也未见古风化壳,仅以岩性的不同把铝土矿层与上覆地层之间划为假整合关系是不合适的。事实上,争论的焦点就在于:河南省西北地区铝土矿的成矿时代是中石炭世还是晚石炭世,即是本溪组(C_2b)还是太原组(C_3t)。

4.2 问题探讨

地层划分、对比有多种方法,本章仅从两个方面来讨论这个问题:岩石地层学方法和生物地层学方法。

4.2.1　岩石地层学方法

目前地质队仍在沿用的河南省西北地区铝土矿含矿岩系的一般性剖面及地层划分标准如下。

浅海沉积的范围在低潮线下至水深200 m左右,又可分为两部分:浅水带和深水带。本区仅涉及浅水带沉积,即波基面上,水深数十米内。其特点是波浪和水流长期不断搅动而发生簸选作用,将细粒物质冲走,沉积物主要是粗粒的,分选性、磨圆度较好,如砂屑灰岩、鲕粒灰岩、生物碎屑灰岩等。按照现代沉积学的理论,石英砂岩产于海洋环境。这种石英砂岩的特点是:一般厚度不大,矿物成分单一,分选良好,缺乏泥质物质,石英碎屑表现出经过长期搬运,沉积作用进行缓慢的特点。其硅质胶结物全部成为再生石英,颗粒与胶结物界线不清,表面光泽暗淡。在渑池崖底等矿区钻探的过程中常可见到该层石英砂岩,有时还不止一层。其为较典型的滨海沉积的产物。它与黏土质页岩、碳质页岩、煤层等一起构成了海陆交互的滨海—沼泽相沉积。在下部的铁质黏土岩中,常可见到团块状的黄铁矿或菱铁矿。在铝土矿的底部也能见到一些结核状的黄铁矿。这都是还原环境下形成的,是沼泽沉积的产物。由铝土矿层、铁质黏土岩的沼泽相沉积,到黏土质页岩、碳质页岩、煤层与石英砂岩的海防交互的滨海—沼泽相沉积,再到生物碎屑灰岩的浅海相沉积,构成了一个完整的海浸系列,人为地将其时代分割开来,是不合适的。再从横向变化及古地理情况来分析,我们知道,"本溪组"一词起源于辽宁本溪的牛毛岭,该组地层在华北大部、东北南部均有分布,且其厚度和岩性变化有着明显的规律。在东北部厚度大、地层全,向西南厚度变小,且常缺失早期地层。如辽宁太子河流域本溪组达160～300 m,含海相灰岩5～6层;河北开平一带厚为70～80 m,含海相灰岩3层;山东地区本溪组厚30～40 m,含海相灰岩2层;山西太原一带,本溪组厚度一般不超过30 m,含海相灰岩仅1层;再往南到河北峰峰,河南焦作、洛阳及安徽淮南等地,一般均缺失本溪组的沉积(据傅英祺、杨季楷《地史学简明教程》)。同时,在山西太原西山本溪组下部灰岩中发现的Pseu－dostaffella(假史塔夫)、在辽宁太子河流域却出现在本溪组中部,且为重要的带化石之一。由此可看出,当辽宁太子河流域本溪组下部在接受沉积时,山西太原西山一带还没有接受海侵和沉积。以上事实说明:华北—东北南部地区中石炭世时地势北低南高,海水自北向南侵进。当其姗姗来迟到达河南省西北地区时,早已是时过境迁了。

早石炭世时,华北地区为大面积的隆起区,中朝古陆、秦淮古陆分布其间,河南省西北地区自然也缺乏沉积。而到晚石炭世时,华北的大部分地区已被陆表海盆覆盖,广泛接受沉积。中石炭世时,海水从东北向西南逐步推进,河南省西北地区位于华北地台的西南边缘,海水到达的时间与东北、河北、山西等地自然不能同日而语了。由岩石地层学的研究可知,铝土矿的形成时代应为晚石炭世。

4.2.2　生物地层学方法

迄今为止,古生物学方法在地层的划分与对比中仍是最重要的手段。确定铝土矿的成矿时代最直接的方式有两种:第一,在铝土矿层中发现化石,第二,在铝土矿层之间的黏土岩中找到化石。遗憾的是,两种方式均未能如愿。尤其是近几年,我们一直在进行铝土矿的开采工作,几乎每天都要与铝土矿石打交道,也是一无所获。所幸的是,在铝土矿之上紧靠矿层的黏土页岩、煤层、炭质页岩、砂质页岩、灰岩中均含有丰富的化石可供鉴定。

第5章 河南省西北地区铝土矿沉积相区的划分及相特征

河南省西北地区中石炭世本溪组厚度,具有西薄东厚、南薄北厚的特点。北部有1~3层灰岩,其余以黏土质岩石为主。焦作向北至鹤壁、安阳一带的灰岩含丰富的海相动物化石,岩石组合和生物群有规律的递变,显示了中石炭世的海侵方向是由东北部和东部进入本区。根据岩石组合、沉积构造、生物化石、微量元素等特征,可将区内中石炭的沉积由北至南依次划分为滨海—浅海相、滨海相两个相区。

5.1 滨海—浅海相区特征

滨海—浅海相分布在淇县庙口以北的鹤壁、安阳一带以及浚县古岛以东地区,其沉积层序由两个旋回组成。第一旋回由铁质黏土岩、砂岩、黏土岩和煤层(线)组成;第二旋回由灰岩及黏土岩组成。

第一旋回底部为含铁质黏土岩。其中局部含黄铁矿、菱铁矿及"山西式"铁矿。安阳善应以南铁质黏土岩,含海绿石石英砂岩,向东北变为砂质页岩而尖灭。其厚度0~10余m。砂岩成分主要为石英,分选好,滚圆度中等,具波状层理和低角度交错层理。其下局部有30~60 cm的中粗粒含砾砂岩,砾石由脉石英组成,砾径2 cm左右。在砂岩之上(南部)或铁质黏土岩之上(北部)过渡为砂质泥岩或高岭石黏土岩,具平行波状层理。在林县铁炉黏土岩中含腹足类、瓣鳃类、腕足类化石和植物化石碎片。再向上过渡为粉砂质泥岩,或夹煤层(鹤壁娄家沟),即变为滨海泥坪或滨海沼泽。由此可见,第一旋回是由滨海相逐渐向滨海沼泽相转化。

砂岩粒度分布为四段式,滚动组分小于10%;跳跃组分由二段组成,占80%以上;悬浮组分小于10%。粗截点在0φ左右,细截点在3.75φ左右。其偏度$-0.19 \sim -0.79$,属于负偏(见表5-1)。从其沉积中海绿石及粒度分析结果来看,沉积环境应为滨海沙滩。

表5-1 粒度分析主要参数表

样号	平均值	分选系数	偏态	峰态
ⅦL-1	2.636	1.046	−0.714	4.264
ⅧL-1	2.527	1.089	−0.797	4.352
ⅨL-1	2.084	1.104	−0.499	2.996

第二旋回由两层生物屑微晶及砂质泥岩、黏土岩组成。灰岩含生物碎屑,具扁透状层理和波状层理,有虫迹构造,含丰富的动物化石。第一层灰岩能量指数$R = 0.33$,上部第二层灰岩能量指数$R = 1.5 \sim 2.33$。以上两层灰岩向北和向南减为一层,北至南善应以

北,南至淇县庙口附近,灰岩相变为泥质岩。

灰岩中含有腕足类、瓣鳃类、腹足类、介形类、牙形石、海百合茎等,多为正常盐度的浅海底栖生物组合及漂游生物组合。其中腕足类双瓣完整,个体大小混杂,表明为原地埋藏化石群落。上述灰岩应为浅海低能环境下沉积。从第二旋回的垂向变化可以看出,其沉积环境大致为潮间 – 湖下→滨岸泥坪→潮间→潮下低能环境。

5.2 滨海相区特征

滨海相区分布在济源、孟县、郑州一线之东北地区。本溪组岩石组合底部为铁质黏土岩、鲕绿泥石黏土岩、黏土岩,局部地区发育有黄铁矿及铁矿;中部为灰色黏土岩、含铁黏土岩,局部含铝土矿和黏土矿;上部为石英砂岩(不稳定)、黏土岩、砂质黏土岩以及煤线和炭质页岩。

黏土岩的沉积构造特征,不显层理或微显水平层理及平行波状层理,铝土矿、黏土矿多为致密块状、豆鲕状及碎屑状,表明为低能环境,水动力条件只有微弱的动荡作用。

巩义水头钟岭铝土矿床、博爱县黄岭和乔沟、沁阳县常平等地本溪组下部地层中含有瓣鳃类、腹足类、介形类、腕足类动物化石,化石保存完好,腹足类保存有壳刺,为原地埋藏。局部地区(如乔沟)在上部砂质黏土岩中含有腹足类、瓣鳃类和苔藓虫等化石。植物化石以羊齿类为特征,并有鳞木属及根座化石。此外,在辉县见有淡水叶肢介化石和植物化石共生。

砂岩通过粒度分析,其粒度曲线特征除焦作寺岭地区有河口砂坝砂外,其余均为波浪带海滩砂。

微量元素特征,目前国内外一般利用泥质岩某些微量元素的含量及元素对比值作为判别沉积环境的标志。据河南省科研所对绿泥石泥岩、泥(黏土)岩和铝土矿三种岩石类型取样分析,结果见表5-2。该区各类泥质岩的 Rb/K 比值为 0.002 8 ~ 0.005 4,与微咸水与淡水沉积比值接近;B/Ga 比值为 8.78 ~ 14.88,与海水沉积比值接近;Sr/Ba 比值为 0.69 ~ 1.47,为淡水沉积到海水沉积。

表 5-2 滨海相各类泥岩(黏土岩)微量元素分析

岩类	Rb/K			B/Ga				Sr/Ba		
	正常值相页岩	微咸水页岩	现代河流沉积物	我国现代13个海洋底质样	美国20个古代海相沉积	我国现代9个湖底质样	美国10代淡水沉积	我国现代13个地质样	鄂尔多斯中生代陆相样	吐鲁番中生代陆相样
	0.006	0.004	0.002 6	4.5 ~ 5	4.9	2 ~ 3	2.4	1 ~ 0.8	0.54	0.16
绿泥石(泥)岩		0.005 4			14.88				0.69	
泥(黏土)岩		0.003 4			8.78				1.23	
铝土矿		0.002 8			8.79				1.47	

据 Epoffer 等研究,在古代海相中 Ga 含量为 25.3 mg/kg,Ni 含量为 41.8 mg/kg,Cu 含量为 28.2 mg/kg,Cr 含量为 91.9 mg/kg,V 含量为 118.2 mg/kg;陆相泥岩中 Ga 含量为 16.2 mg/kg,Ni 含量为 23.2 mg/kg,Cu 含量为 15 mg/kg,Cr 含量为 41.3 mg/kg,V 含量为 72.2 mg/kg。另外,一般认为在泥岩中:B 含量大于 100 mg/kg 为海相,低于 70 mg/kg 为陆相;B/Ga 比值大于 4.5 ~ 5 为海相,小于 3.3 为陆相;Sr/Ba 比值大于 1 为海洋沉积,小于 1 为陆相沉积。

据统计,寺岭高铝黏土矿各类黏土岩 B/Ga 比值为 0.83 ~ 9.2,Sr/Ba 比值为 0.55;绿泥石黏土岩 B/Ga 比值为 12.5;西张庄各类黏土矿、黏土岩 B/Ga 比值为 7.5 ~ 15;常平各类黏土矿、黏土岩 B/Ga 比值为 7.3 ~ 15;Sr/Ba 比值为 0.1 ~ 0.5;上刘庄各类黏土矿 B/Ga 比值为 15.8,Sr/Ba 比值为 0.30,各类黏土矿、页岩 B/Ga 比值为 5.6 ~ 14,Sr/Ba 比值为 0.31 ~ 0.66。各矿区 B/Ga 比值为海相,Sr/Ba 比值为陆相各矿区多数微量元素含量均反映为海相,但也有某些微量元素含量介于海相与陆相之间(见表 5-3)。由微量元素特征表明,滨海相区泥质岩类主要沉积在海相环境中,局部地区可能为淡水环境。

表 5-3　焦作地区含铁矿岩系中微量元素含量一览表

矿区名称	岩矿石名称	样品数	元素平均含量(mg/kg)								元素对比	
			Cu	Cr	Ni	Ga	B	Sr	Ba	V	B/Ga	Sr/Ba
焦作寺岭	高铝黏土矿	2	35	400	130	40		300		300		
	黏土岩	2	30	100	40	60	50	300		200	0.83	
	含铁黏土岩	5	47	84	76	66	610	275	500	220	9.2	0.55
	绿泥石黏土岩	2	10	200	100	80	100	200		200	12.5	
	硬质黏土矿	1	20	200	50	10		700	500	300		1.4
	软质黏土矿	1	50	200	50	10		300	500	300		0.6
焦作西张庄	硬质黏土矿	5	18	182	145	23	188	200		62	8.17	
	含铁黏土岩	6	23	175	72	33	250	350		100	7.5	
	软质黏土矿	1	10	200	150	30	400			200	13.3	
	炭质黏土岩	1	10	250		10	300	200		250	30	
	含黄铁矿黏土矿	1	40	150	50	20	300	200		100	15	
沁阳常平	高铝黏土矿	13	28	113	10	41	300	30		115	7.3	
	硬质黏土矿	4	20	100	10	20	300		70	70	15	
	半软质黏土岩	2	30	70	10	20	300	50	100	70	15	0.5
	铁矾土	4	20	65	10	50	150		700	70	3	
	绿泥石岩	2	10	40			200			10		
	黏土质页岩	1	50	100	10	10	200	50	500	100	20	0.1

矿区名称	岩矿石名称	样品数	元素平均含量(mg/kg)								元素对比	
			Cu	Cr	Ni	Ga	B	Sr	Ba	V	B/Ga	Sr/Ba
焦作上刘庄	黏土矿	45	75	196	39	23	365	189	625	243	15.8	0.3
	硬质黏土矿	14	51	318	60	19	1 000	192	300	407	52.6	0.64
	半软质黏土矿	20	36	117	14	25	248	201	827	172	9.9	0.24
	软质黏土矿	11	176	118	52	24	450	157	366	139	18.7	0.42
	含铁黏土岩	25	47	105	37	23	206	336	581	228	8.9	0.57
	铁质黏土岩	20	37	82	51	22	243	250	533	288	11	0.46
	豆鲕状铁质黏土	10	27	64	28	27	390	257	820	184	14	0.31
	炭质页岩	6	218	201	50	25	140	400	600	326	5.6	0.66
焦作地区	高铝黏土矿	38		312.4	46.8	24.13	279.7	175.9		207.26		

5.3 结 论

综上所述,滨海—浅海相区其沉积特征,中下部有海绿石的滨海砂岩,含海相化石的黏土岩。中上部为含丰富浅海动物化石组合的灰岩,有明显大波浪作用标志。灰岩以微晶为主,其构造特征及所含虫迹表明灰岩在低能环境下形成,其深度大致在浪基面附近。灰岩具扁透状层理,所含介形虫化石及生物碎屑有磨蚀现象,说明部分灰岩可能在潮间带或潮间带下部形成。

滨海相区以泥质沉积为主,沉积构造特征反映该区水动力条件较弱,沉积环境相对闭塞而安静。海侵初期由于古地形的分隔,海域连通性较差,靠近古岛附近由于淡水的注入引起淡化,形成半咸水的海湾或淡化潟湖,发育了鲕绿泥石泥岩,伴有半咸水海相动物化石及淡水叶肢介化石。随着海侵扩大,海域相互贯通,逐渐转化为正常盐度的滨海沉积,发育正常盐度的海相化石。然后海水逐渐退缩,发育了含植物化石的泥坪沉积,之后又发生了一次规模不大的海侵,随着海退逐渐转化为滨海泥坪和滨海沼泽,出现了煤层和煤线。

第6章 河南省西北地区铝土矿矿床地质特征

6.1 矿床规模及特征

铝土矿赋存于本溪组,受其严格控制,主要出现于本溪组中部的高铝岩性段,本溪组下部的铁质黏土岩局部形成高铁铝土矿,本溪组上部黏土岩段局部出现低品位铝土矿。直接底板为铁质黏土岩,间接底板为寒武—奥陶系碳酸盐岩,直接顶板为黏土岩、碳质黏土岩,间接顶板为太原组的生物灰岩、砂岩。

河南省西北地区铝土矿矿体结构简单,一般为单层,分支复合现象少见,大厚度矿体局部出现 1~2 层夹层,极少数探矿工程出现 3 层以上的夹层,夹层岩性主要为黏土矿、黏土岩、铁质黏土岩,雷沟及曹窑矿区出现碳质页岩、煤夹层。

河南省西北地区铝土矿区构造较为简单,主要为断裂构造和宽缓褶皱,单个矿区一般位于区域性宽缓褶皱的一翼,地层呈背离隆起的单斜构造。矿区范围内矿体受地层控制呈单斜产出,倾角平缓,一般 8°~15°,如曹窑、下冶、管茅、郭沟等矿区;部分矿区矿体倾角较大,达 30°~40°,如雷沟矿区部分地段;局部受断层影响,倾角达 70°~80°,如新安沟头矿区陡沟矿段,巩义老井沟、汝阳内埠、登封玉台等地。曹窑、雷沟、下冶、管茅、郭沟等矿区断裂构造活动较弱。陕渑新成矿区西段、焦作地区铝土矿受断裂活动影响强烈,含矿岩系赋存于断层形成的断陷盆地中,断陷盆地外,本溪组被剥蚀殆尽。

本溪组底板为寒武—奥陶系古风化剥蚀面,岩溶发育,起伏不平,顶板为太原组灰岩或砂岩,除岩溶低洼地段局部下陷外,近似平滑,本溪组厚度受古风化剥蚀面的控制,岩溶洼地,厚度较大,岩溶洼地外,厚度变薄。铝土矿赋存于岩溶洼地中,矿体厚度与本溪组厚度呈正相关,在古岩溶洼地,本溪组厚度大,矿体厚度大,矿石质量最佳。在古地形的凸起处,本溪组变薄,矿层随之变薄,甚至尖灭,矿石质量也较差。

河南省西北地区铝土矿具品位和厚度呈正相关的变化关系,这一规律为河南省西北地区及华北的铝土矿大多数研究者注意到(甄丙钱,1985;吴国炎,1997;温同想,1996;水兰素,1999;柴峰,2003;杨振军,2005)。河南省西北地区几乎所有高品位富矿体都赋存在岩溶洼斗中。

层位变化为黏土矿,有西张庄、上白庄、磨石坡、上刘庄等大型黏土矿。矿区铝土矿主要赋存于太行山隆起靠近平原一侧的地堑中,或残留于地堑附近较高部位,规模小。中国铝业在沁阳虎村矿区开展勘查工作,提交小型铝土矿。

河南省西北地区石炭系本溪组为一套赋存于寒武—奥陶系古风化剥蚀面上的铁铝含矿岩系,剖面上明显可划分为三个岩性段,在整个华北范围内可以对比。本溪期,河南省西北地区古地理概貌为:海侵逐步扩大、地势平缓、植物繁盛的碳酸盐古夷平面。本溪组形成于华北陆地向陆表海转变的环境中,底部的铁质黏土岩为陆表风化作用的产物,上部的碳质黏土岩为海侵前陆地沼泽化的产物。本溪期的陆表风化－沼泽环境形成了山西式铁矿(硫铁矿)－铝土矿(镓、锂、钛)、黏土矿－煤等矿床。河南省西北地区铝土矿围绕岱嵋寨、嵩箕、北秦岭、王屋—太行山等主要隆起分布,可划分为陕渑新、嵩箕、汝州—宝丰、焦作—济源4个成矿区。

本区域内铝土矿均为一水硬铝石型沉积矿床。铝土矿赋存在本溪组中部,层位单一,常呈似层状、透镜状、漏斗状产出,由于古地形和沉积环境的差异,在博爱以东均相变为高铝黏土矿、硬质黏土矿及黏土矿层,博爱以西沁阳济源北部均为透镜状、似层状与硬质或高铝黏土矿同层间变,王屋山区铝土矿只有在奥陶系古风化面的凹坑和低洼地带呈漏斗状和扁豆体或似层状产出,但质地较好,到新安—陕县铝土矿已呈规模产出,矿层单一,层位稳定,是找矿的重点地区。

6.2 矿体(层)形态、产状及规模

矿体形态、产状主要取决于基底碳酸盐岩古岩溶地形,古地形平坦,矿体呈层状、似层状,古地形凸凹不平,多形成透镜状矿体。古地形为岩溶漏斗则形成溶斗状矿体。

6.3 矿层(体)内部结构和厚度变化

大部分矿区具有2~3层矿,称之为“上、中、下”矿层,个别矿区只有一层矿。矿层间距,上层与中层一般为2~4 m,最大10~12 m(上刘庄矿区)。中层矿与下层矿为2~4 m,最大6~12 m。有些矿区只有上下两层矿,其间距一般为3~5 m,最大14 m(上白作矿区)。同一矿层由1~2种矿石类型所组成。其间有较明显的界线,在垂直方向上矿石类型的分布有一定规律;在纵横方向上矿石类型变化较大。在常平一带矿层上下为硬质黏土矿,中间为铝土矿。矿体内夹石很少,一般厚度小于1 m,多为含铁黏土岩、黏土岩及铁质黏土岩。

上矿层和下矿层多为透镜状矿体,厚度一般1~2 m,变化较大。中矿层是主矿层,呈层状及似层状,厚度变化中等。连续性好,局部有分叉现象。矿层最厚15.72 m(窑头矿区),最薄1 m,平均厚度多为1.5~3 m。

辉县以西,由西到东,矿体时厚时薄,呈波状起状。其间窑头、常平、西张庄、磨石坡、寺岭、上刘庄等矿区较厚,平均厚3~4.5 m。博爱县焦谷堆—柏山沿倾斜方向(北→南)矿体厚度由薄变厚。

6.4 矿石的矿物成分及赋存状态

矿石的矿物成分主要为一水硬铝石,其他成分有高岭石、伊利石、水云母、绢云母为主的黏土矿物及铁质、泥质等。

一水硬铝石:为矿石中有益组分,含量65%~95%,呈鲕粒状、豆状、粒状、碎屑状出现,并有部分鳞片状一水硬铝石以填隙物充填在豆、鲕粒之间。

黏土矿物:以高岭土及水云母、绢云母为主,呈细小鳞片状、纤状分布于豆鲕粒的核心或与一水硬铝石混合在一起组成鲕粒、豆粒的环带,颗粒间的充填物中也有黏土矿物,偶尔见有鲕粒状,含量5%～30%。

铁质及泥质:多呈填隙物的方式出现,在颗粒核部或环带结构中亦可见到,含量2%～10%。

6.5 矿石的结构构造

矿石结构:按铝土矿的集合体形状主要分为豆鲕状结构、碎屑结构、土状结构及致密块状结构。

矿石构造:本区铝土矿以块状构造为主,层纹状构造也较常见,此外在地表也可见到经风化淋滤作用后形成的孔穴状构造(见图6-1)。

6.6 含矿岩系厚度变化

区内含矿岩系无论沿纵横方向还是深部厚度变化均较大,含矿岩系的厚度与下伏的奥陶系古地形关系密切,一般在古风化面的低凹处沉积厚度大、隆起处变薄。尤其含矿岩系下

图6-1 铝土矿孔穴状构造

段受古岩溶地形影响明显,厚度变化大,以焦作洼村铝土矿为例(见图6-2),根据矿区59个钻孔资料统计,含矿岩系最厚为58.22 m,最薄为8.71 m,平均为21.64 m。含矿岩系厚度越大,铝土矿厚度亦越大,反之则越小。含矿岩系厚度下部变化小且稳定,中部厚度变化幅度受古地形控制,最大厚度为侵蚀面低洼放大部位,侵蚀面隆起部位为上部厚度变薄或尖灭。

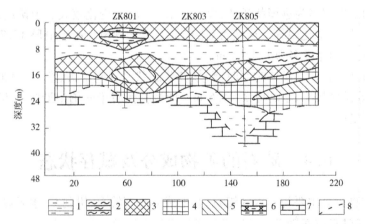

1—黏土岩;2—绿泥石岩;3—硬质黏土岩;4—软质黏土矿;5—高岭黏土矿;

6—铁质黏土岩;7—石灰岩;8—平行不整合界线

图6-2 洼村铝土矿8线含矿岩系沉积剖面图

6.7 河南省西北地区铝土矿含矿岩系特征

（1）分布广泛。河南省西北地区这套地层分布于东起京广铁路、西到三门峡，焦作以南、秦岭以北的广大范围内，在河南省西北地区隆起区的周围均有铝土矿床出现。华北地区，这套地层分布于河南、山西、山东、河北等省，在华北地块全区发育，厚度 5～20 m，是一个极好的标志层（陈世悦等，2000）。

（2）分段明显。从下到上可以划分为铁质黏土岩、铝土矿、黏土矿 3 个岩性段，化学成分显示出铁质层—铝质层—硅质层、炭质层的明显分带。

（3）与下伏寒武—奥陶系地层假整合接触，和上覆石炭系太原组、二叠系地层整合接触。

（4）产状倾向盆地，背离隆起区。如陕—渑—新铝土矿带，矿体产状一般 120°～150°∠10°～16°，嵩箕成矿区的龙门—参店铝土矿亚带总体走向为近东西向，地层倾向北，倾角 9°～14°。

河南省西北地区铝土矿含矿岩系形成的古地理环境河南省西北地区铝土矿含矿岩系的地质特征和其形成的古地理环境是密切相关的。经过晚奥陶世到早石炭世长达 140Ma 的风化夷平作用，华北地区在晚石炭世呈典型的准平原—陆表海状态。华北铝土矿形成于准平原上的红土型风化作用，沉积于华北古板块从准平原—陆表浅海的过渡时期。主要依据有：

（1）石炭系和下伏地层的平行不整合接触关系说明直到石炭纪，寒武—奥陶系仍然保持近似水平的原始产状，晚奥陶世—早石炭世的漫长历史时期中，华北地区基本未受构造运动的影响，处于起伏不大的准平原状态。晚石炭世海侵后，华北地区呈陆表海状态，海底平缓，基底起伏不大，平均坡度仅为 8×10^{-7} 度（陈世悦等，2000）。

（2）铝土矿含矿岩系在河南省西北地区广泛发育，分段明显且具有可对比性，说明其形成环境相似，虽然从东到西、从南到北宏观上有一定的差别，如焦作以东黏土矿占优势，部分矿区也常常发生局部沉积分带，但围绕现在的隆起区并未出现明显的沉积分带。河南省西北地区铝土矿产状背离隆起区、倾向盆地，倾角 9°～15°，按产状延伸远高于隆起区主峰的高度。由于沉积岩沉积时产状是近似水平的，说明河南省西北地区现在的隆起区在石炭纪并不存在。石炭系底部缺少砂岩等陆源碎屑岩的特点，也说明被碳酸盐岩覆盖的准平原高差不大，富含砂质的古老岩石尚未大量出露地表。

（3）铝土矿含矿岩系位于陆表海沉积体系的底部，由于缺少生物化石证据，其形成的岩相古地理环境有一定的争议。石炭纪晚期，华北地区的晚古生代总体环境为陆表海状态，北有阴山古陆、南为秦岭—伏牛古构造高地（陈世悦等，2000）。现代红土型铝土矿床主要产出在大规模的大陆均夷面上，铝土矿只能在大陆地表条件下形成（George Bardossy，1995），铝土矿含矿岩系底部较高的铁质明显是长期风化的产物，是古剥蚀面的残留物。铝土矿常见的豆鲕状、角砾状结构说明铝土矿经过搬运，以灰色、灰黑色为主的色调说明沉积于富含炭质、相对封闭的水体下的氧化环境。在济源市下冶、新安县沟头、沁阳市虎村、偃师市李村、禹州扒村等矿区均有缺失本溪组地层的钻孔出现，这些深埋地下的矿区在本溪组地层沉积时有高出水面未接受沉积的岛屿。铝土矿形成于准平原—陆表海过渡时期的滨海—湖泊—沿泽环境。

6.8 后期构造对铝土矿定位的影响

铝土矿含矿岩系形成以后,河南省西北地区经历了长期的地质构造演化,对铝土矿的出露定位有着明显的影响,比较重要的有:

本溪期末:在嵩箕地区太原组底部普遍发育一层生物灰岩,厚度稳定,具有典型的陆表浅海沉积特征,汝阳、洛阳以西的新安—渑池一带,河南省北部的焦作—济源一带太原组底部生物灰岩和砂岩、砾岩交互出现,说明汝阳、洛阳以西,焦作—济源一带靠近陆地。

济源下冶、汝阳蟒庄、新安县沟头矿区太原组底部出现石英砂砾岩;渑池贾家洼、巩义大峪沟铝土矿区太原组、本溪组间出现铝土矿角砾(吴国炎等,1996)。说明本溪期结束后河南省西北地区出现规模较大的构造变动,铝土矿受到了最早的剥蚀作用。

印支期:河南省西北地区三叠纪末期发生了较大规模的构造运动,洛阳附近的三叠系地层发育明显的褶皱构造。为印支运动在河南省西北地区的表现,河南省西北地区大部分地区隆起成为陆地,三叠纪以前在河南省西北地区大面积出现的浅海、陆相湖泊沉积环境结束,部分地区的铝土矿盖层开始剥蚀风化。

燕山期:燕山运动在河南省西北地区表现强烈,尤其是白垩纪末期的燕山运动第五幕,在河南省西北地区形成大量的盆地,如新安—渑池盆地、洛阳盆地、汝州—宝丰盆地、盆地中充填第三系山麓—河流相的角砾岩建造。早白垩世,平顶山—宝丰地区发育陆内拉张环境下的中基性火山喷发活动(李晓勇等,2006),覆盖于宝丰盆地的石炭系地层之上;晚白垩世末,沿太行山前断裂伸展滑脱作用开始发育,山西高原与华北平原的地貌差异开始形成(张家声等,2002);嵩山山顶的夷平面发育在古新世到始新世,始新世末结束,古夷平面形成后受后期构造运动的影响,逐步抬升到了现今的高度(郭志永等,2005)。燕山期奠定了河南省西北地区现代地形及铝土矿分布特征的基础。

喜山期:第四纪以来,河南省西北地区山地持续隆起,盆地持续下降,地形高差持续增大,中国东部地貌形成。隆起区上石炭统被剥蚀殆尽,而盆地中又被深埋地下,仅"古陆"周围出露,成为今天铝土矿分布特征。

6.9 矿石类型

按铝土矿成分分,由于矿石成分单一,统属一水硬铝石大类。

按矿物成分可分为高岭土黏土矿石、高岭石 - 水云母黏土矿石、叶腊石 - 高岭石黏土矿石 3 种类型(见表6-1)。

按矿石自然类型分为豆鲕状、土状、致密块状及碎屑状 4 种类型,其中以豆鲕状分布最为普遍。

按矿石的工业类型,根据 Fe_2O_3 含量分为 4 种类型:低铁型,$Fe_2O_3 < 3\%$;含铁型,$Fe_2O_3 3\% \sim 6\%$;中铁型,$Fe_2O_3 6\% \sim 15\%$;高铁型,$Fe_2O_3 > 15\%$。

表 6-1　河南西部铝土矿矿石类型特征表

矿石类型	主要矿物	伴生矿物	矿石结构	分布状况	备注
叶腊石型	一水硬铝石	叶腊石及高岭石	呈碎屑状、角砾状	主要分布在河南省北部地区	受构造控制
水云母型	一水硬铝石	黏土矿物及水云母、叶腊石	豆鲕状、交代状	普遍	叶腊石呈鳞片状集合体
高岭石型	一水硬铝石	高岭石	鲕状、微晶状	普遍	
高岭石、水云母、赤铁矿型	一水硬铝石	赤铁矿、水云母、高岭石等	鲕状、碎屑状	普遍	铁质以浸染状、网脉状穿插在原生铝土矿中

6.10　矿石化学成分及其变化特征

矿石的主要化学成分为 Al_2O_3、SiO_2、Fe_2O_3、LiO_2、S 等，Al_2O_3 为主要有益元素，SiO_2 为主要有害元素，Fe_2O_3 具有双重性，次要有害组分为 S、CO_2、LiO_2 及 CaO、MgO，次要有益组分为 K_2O、Na_2O。

Al_2O_3 为铝土矿的主要有益组分，最高达 77.15%，最低在 60.85% 以上，Al_2O_3 高低与矿体厚度呈正相关关系。

SiO_2 为铝土矿的主要有害元素，最高可达 33.8%，平均 11.5%~15.84%，SiO_2 的含量与 Al_2O_3 含量和矿层厚度呈负相关关系。

Fe_2O_3 为双重性，适量有利，对烧结法而言一般要求含量在 7%~10% 为宜，本区 Fe_2O_3 含量在 27.7%~0.13%，平均在 2.82%~4.02%，为低铁或含铁型矿石。

A/S 比：该指标是界定矿与非矿的主要指标，本区最高达 20.61，随着铝土矿资源减少和新技术、新方法的运用，工业指标在不断降低，新增铝土矿资源量会大大增加。

LiO_2：纵观全区，LiO_2 均有较高的含量，平均在 0.1%~0.2%，它是电解铝行业不可多得的有益元素，锂盐的加入可大大降低电耗，应引起高度重视。在河南省西北铝土矿区 LiO_2 是矿石中伴生的主要稀有金属，储量较大，经济价值高，含量在 0.028%~0.786%，平均 0.164%；其赋存状态尚未查明。从矿区各种岩性的化学分析结果来看，LiO_2 的含量与 Al_2O_3 密切相关，整个含矿岩系中，非铝土矿不含或含很少的 LiO_2，而铝土类岩石普遍含 LiO_2，且以铝土岩含量较高，可见 LiO_2 含量与 Al_2O_3 有较为明显的同步关系。关于铝土矿中伴生 LiO_2 的回收，目前已有所进展，还应加强研究，以期较好回收，充分发挥资源的潜在价值。

第7章 控矿成矿地质分析

7.1 地层控矿作用

中石炭世,河南省西北地区随华北板块一同下沉,海水侵入,在中奥陶统或上寒武统碳酸盐岩风化剥蚀面上,沉积了一套铁—铝—黏土岩—煤岩系,铝土矿分布于中石炭统本溪组(C_2b)中上部,具有鲜明的层控性。

7.2 构造控矿作用

河南省西北地区处于华北板块南部,属华北中—晚古生代巨型聚铝—煤盆地南带的主要组成部分。加里东、海西运动对石炭纪形成铁—铝—煤—黏土矿床具有明显的控制作用。中奥陶世末,整个华北地台上升隆起后,经过长期的风化剥蚀,使整个台区夷为准平原状态,与此同时,也形成了丰富的铝土矿风化壳物质。风化淋滤使得奥陶系和寒武系灰岩表面遭受溶蚀,形成星罗棋布的浅而小的岩溶凹地,风化基面很不平整。自中石炭世至二叠纪,由于地壳分异运动,地台逐渐下降,接受沉积。

河南省西北地区铝土矿的成矿作用及其沉积建造除受上述区域性构造运动和地壳分异制约外,还受板内次一级隆起和坳陷的控制。

大量的勘探资料及研究成果表明,河南省西北地区所有的晚古生代铝土矿(黏土矿)床无不分布在坳陷区的边部及其隆起区的过渡地带。成矿区(段)、矿田、矿床在走向上与隆起和坳陷主轴方向一致,在倾向上均呈缓倾斜,并向盆地中心一侧倾斜。由此可以看出,中石炭世板内古隆起和坳陷的空间分布格局及其演化特征对铝土矿的生成、富(聚)集和分布特征具有严格的控制作用。

7.3 岩相古地理特征及沉积成矿作用

中石炭世,河南省西北地区的沉积岩相由西南向东北依次可划分为三个岩相区,即滨海—潟湖—沼泽相区、潟湖—海湾—沼泽相区、潟湖—砂坝—海湾相区。中石炭世生成的含铝岩和铝土矿主要受滨海—潟湖—沼泽相区沉积环境控制。铝土矿分布在古岛周围及靠近古陆的滨海地带,其沉积成矿作用是以密度流或泥石流方式,将丰富的铝土矿碎屑颗粒搬运到海水和淡化海水的沉积盆地,沉积物具有快速沉积的特征。黏土矿则形成于远离海岸的平静的海湾环境。

7.4　古气候及化学风化的控矿作用

7.4.1　古气候的控矿作用

古生代中—晚期,铝土矿的形成与当时的气候特征有着密切的关系。据古地磁资料,中石炭世,河南省西北地区处于中低纬度,在北纬 12.9°~27.6°,属热带亚热带,地层中的古生物化石表明,此时的古气候炎热,雨量充足,有利于侵蚀区铝土矿古风化壳的形成及成矿物质的搬运。

7.4.2　化学风化的控矿作用

铝土矿的主要矿物是水铝石,水铝石是由硅酸盐矿物经强烈化学风化而使其铝、硅分离的结果。由于中石炭世河南省西北地区地处低山丘陵(位于古陆边缘),剥蚀作用不明显,地下水位低,水的垂直循环和淋滤作用比较强烈,以化学风化作用为主,强烈的化学风化作用,使该地段的硅酸盐或碳酸盐中的硅、铝分离彻底,形成大量水铝石,为铝土矿的形成提供了丰富的原始矿物质。

第8章 河南省西北地区铝土矿矿床成因探讨

河南省西北地区是我国铝土矿的主要产地之一,矿区西起三门峡,东至洛阳,北临黄河,南跨陇海铁路。在约 3 000 km² 的范围内,分布有支建、贾家洼、石寺等十多个大中型铝土矿床。关于铝土矿的成因,众说纷纭,研究深度并影响较大的主要有红土说、化学沉积说和红土 – 沉积说。通过对河南省西北地区支建、杜家沟、曹窑、贾家洼、张窑院、贾沟、石寺等已提交地质勘探报告的矿区进行综合地质研究,认为河南省西北地区铝土矿属于红土 – 沉积成因,与苏联布申斯基提出的红土 – 沉积成因说相吻合。确切地说,属于红土 – 内陆湖(沼)相沉积成因。其中,红土风化壳的形成过程是原生铝土矿(原料)的直接加工阶段。这个阶段的特点是地壳相对稳定,风化堆积作用明显,铝硅酸盐岩石和其他含铝岩石随着碱金属及碱土金属盐基的溶解,使溶液首先呈现碱性。此时二氧化硅被溶液溶滤,其中一部分向下淋滤,另一部分从风化壳中带出迁移流失,在盐基淋滤之后,介质呈现酸性,随之铝氧化物开始向下淋滤,并在残积物中逐渐集中,与硅质一起形成高岭石矿物。在进一步水解过程中(主要表现为冲刷水解作用),高岭石分解成氢氧化铝,其中一部分呈现溶液状态流失;而风化壳中残留的铝及铁的氧化物最终构成红土风化壳。当地壳稳定期结束重新趋于活动时,风化壳则被冲刷、解体,于是风化壳的铝主要以机械悬浮体形式被搬运到沉积湖盆中。当风化壳演化到后期的酸性阶段时,高岭石分解,形成胶体状态和溶质形式的含氢氧化铝溶液而一起沉淀形成沉积铝土矿。

8.1 古构造条件

本区受加里东运动影响,中奥陶世后隆起为陆,西北地区方向有中条古陆北东向隆起,形成北段村高地,西南方向有秦岭近东西向古陆或高地,两者之间构成产状平缓的三泥—新安陆源盆地。在此基础上,地壳遭受长期风化侵蚀,形成红土风化壳,为铝土矿的形成创造了条件。

8.2 古气候条件

据古地磁资料,志留纪时南极在阿加累加群岛附近,赤道在澳大利亚东部—日本本洲中部—我国松花江口—苏联叶尼塞河口—英国北端。石炭纪时,南极在非洲东南端海洋中,赤道在澳大利亚堪培拉—马来西亚—我国昆明—苏联斯大林格勒—法国布勒斯特角。世界铝土矿主要分布在古赤道的热带、亚热带区。河南省西北地区铝土矿位于志留纪—石炭纪古赤道处。铝土矿相伴煤系地层,证明为温暖潮湿的古气候,有利于铝土矿的形成。石炭纪时陆地上的植被增加,植被发育吸收的水分保存在风化壳中,并提供了分解含铝矿物所需要的有机酸,使风化强度大大增加。

8.3 古生物证据

在铝土矿顶部的黏土岩、页岩、粉砂岩中,常见鳞木树干和根茎基化石,有的鳞木化石呈直立或倾斜状态保存在岩层中,表明它们基本上是湖泊或沼泽原地保留下来的。这一方面表明了湖相沉积特征,另一方面也显示当时的湿热气候条件。

8.4 古地形条件

采用正负地形法对本区古地形进行研究,将本区古地形类型划分如下:

(1)洼塘、洼地、沟谷、小凹斗综合地貌,古地形高差 20～50 m 以上,平均矿厚 5～7 m,最大矿厚 23.27～52.79 m。

(2)洼地地貌(有高地相伴),古地形高差 10～20 m,平均矿厚 4～8 m,最大厚度 15 m。

本区古地形主要以第一种类型为主,第二种类型次之,均属富矿地貌。

8.5 物质来源

河南省西北地区铝土矿主要来源于中条古陆的铝硅酸盐风化壳。理由如下:

(1)铝土矿与黏土呈互层关系,且界线清楚。说明它是陆源物质经水流搬运而沉积的,而不是"风化壳"或纯化学沉积的。

(2)铝土矿与煤伴生,常见铝土矿、黄铁矿、菱铁矿与煤伴生,这些现象是"钙红壤化"学说无法解释的。

(3)铝土矿中 Al_2O_3/TiO_2 比值关系是陆源碎屑沉积成因的标志。

8.6 沉积环境

从中石炭统三段分层岩性分析,其环境属湖泊—沼泽相无疑。在低坞矿区有一钻孔发现铝土矿与煤及黏土矿呈交互层出现,煤层数米厚,质量尚好;杜家沟矿区边缘有一钻孔见煤与黏土矿互层,煤在其下;支建、贾家洼、石寺也见到铝土矿中夹煤线。但当有煤出现时铝土矿质量差,说明沼泽环境不利于富铝土矿形成,那么沼泽相近的环境首先是湖泊,其次就是河流。因局部有沼泽存在说明湖泊不深,碎屑状矿石发育在盆地边缘及网状河流区(因受后期构造及侵蚀而不易保存)。铁质页岩未风化与顶板页岩没有差别,但因含黄铁矿及菱铁矿,一般认为属深水湖还原条件生成。但也可在氧化条件下生成赤铁矿,以后在成岩过程中再变为菱铁矿。

8.7   物质搬运形式

在铝土矿形成的全过程中,成矿物质至少经历了两个阶段搬运(迁移):第一阶段,成矿物质从红土风化壳迁移到沉积盆地,主要发生在沉积湖盆之外,称为盆外迁移;第二阶段,已在湖盆中沉积下来的成矿物质,在湖水的作用下分解,从而发生再迁移、再沉积,主要发生在盆内,称为盆内迁移。盆外迁移阶段,红土风化壳中的 Al、Fe、Li 等元素呈难溶的氢氧化铝和氧化物,主要以碎屑方式被机械搬运到湖盆,可在盆地边缘形成碎屑状铝土矿。在盆内迁移阶段,碎屑物质在富含有机酸的湖水中发生分解,在湖盆内经短距离迁移,当物化条件改变时,再发生沉积,形成胶状铝土矿。本区铝土矿以碎屑为主,豆鲕状次之,故主要显示以机械搬运为主的沉积特征,胶体化学沉积次之。

8.8   成岩作用

成岩作用的意义在于从原生沉积物中排出一些碱土金属以使其进一步脱硅去铁,从而使铝土矿富化。然而,成岩作用的影响程度对于赋存在不同地区和不同环境下的铝土矿并不是等同的,对沉积在平坦基底上的薄层碎屑、豆鲕状铝土矿,成岩作用对矿床的富化几乎没有作用;但对沉积在深度较大的洼地中的厚层铝土矿,由于脱水过程和延续的时间较长,成岩作用影响相应增大,主要表现在赋存在岩溶漏斗洼地中的厚层铝土矿普遍比外围贫铝土矿的颜色浅,除变白外,铝土矿石表现出来的细粒微晶和显微裂隙结构亦相应反映了成岩过程中铝土矿的进一步富化是伴随着压实脱水进行的。沉积铝土矿厚度愈大,成岩作用的影响愈明显,这也是造成矿愈厚氧化铝含量愈高的原因之一。

第9章　河南省西北地区铝土矿成矿富集模式

9.1　河南省西北地区铝土矿的岩溶洼斗富集模式

河南省西北地区石炭纪铝土矿来源于寒武—奥陶系碳酸盐岩,从碳酸盐岩到铝土矿,经历如下铝质富集阶段:①晚奥陶世到早石炭世的长期地表风化作用,铝质得到富集,以风化壳的形式堆积于碳酸盐岩古地表;②石炭纪本溪期,华北处于热带雨林环境下,地表碳酸盐岩及风化物质发生强烈的化学风化作用,形成广泛分布的红土型风化壳;③红土物质在岩溶洼地洼斗中进一步去硅、去铁,富集形成铝土矿。其中,红土物质在洼地洼斗的富集对铝土矿成矿是决定性的。

华北地区在石炭纪呈现地表为寒武—奥陶系碳酸盐岩覆盖的、风化剥蚀准平原地貌景观。碳酸盐岩在大气降水和生物的作用下,发育红土型风化壳,铝质富集;同时形成岩溶地貌,很多地区出现深度 20 ~ 30 m 的落水洞、漏斗,局部深达 60 ~ 70 m,为强烈岩溶化地貌。岩溶洼地和洼斗是岩溶水排泄的通道,是大气降水优先集聚地区,是大气降水挟带的红土物质的优先堆积区,岩溶洼斗又是岩溶地貌水体排泄所形成的,有发达的岩溶水排泄系统,铝土矿成矿所需的物质集聚、大气降水集聚、淋滤和排泄等条件在这里得到了最大的实现,岩溶洼斗成为河南省西北地区铝土矿成矿的理想场所,形成一个自然的铝土矿富集成矿系统。

岩溶洼地洼斗因为处于地势低洼处,成为地表风化物质堆积保存的有利场所,同时也是矿物质不饱和的大气降水的汇聚之地,生物及其腐殖质产生大量的腐殖酸,使得洼斗中水体富含腐殖酸,成矿物质带入、积累,大气降水持续流入、酸化,淋滤、溶解成矿物质,通过岩溶系统排泄,带走可以移动的元素,而性质稳定的水铝石则进一步富集而形成铝土矿(见图9-1)。

图 9-1　岩溶洼斗铝土矿

红土物质进入洼斗之初,是红色的、高铁;岩溶洼斗中,水体富含腐殖酸呈还原状态,铁在还原状态下活动性较强,被酸性溶液溶解带出,铝质残留下来形成铝土矿,呈现富含炭质的灰色、低铁等特征;在缺乏流动性的强还原环境,铁质和硫结合形成黄铁矿。

溶洼斗中铝土矿的成矿富集取决于岩溶淋滤成矿系统持续的时间和空间位置决定的矿化强度,从而形成河南省西北地区铝土矿典型地质特征。

9.2 岩溶洼斗成矿的时间模式

时间上,铝土矿成矿作用经历了发生、发展、结束的过程。大气降水、岩溶洼斗中物质的充填、地下水面的升高等导致洼斗中铝土矿成矿作用的强度、规模发生从弱到强,又从强到弱,最后结束的明显变化,成矿产物也有明显的不同。

河南省西北地区铝土矿区典型岩溶洼斗的填充物,揭示岩溶洼斗发展史如下:

(1)初期,空的洼斗、缺水或水体较浅,呈氧化环境,形成铁质黏土岩。

岩溶洼斗底部铁质黏土岩广泛出现的红色、黄色色调显示洼斗中含矿岩系开始时的氧化环境:洼斗缺少水及充填物,长期暴露在大气中。由于缺乏水和还原环境,硅质、铁质淋滤不明显,仅局部形成高铁、低品位铝土矿。该阶段与矿区处于干旱少雨地区有关,也可能与岩溶洼斗中水排泄速度快有关,由于缺少大气降水,进入岩溶洼斗的成矿物质及水较少,氧化强烈。

(2)中期,洼斗逐步充填、水体深度增加,还原性及渗流作用较强,形成高品位的铝土矿。

从洼斗底部向上,含矿岩系的红色减少、灰色调增加,显示其岩溶洼斗逐步由氧化环境向还原环境转变,洼斗中水增加,水体中腐殖质增加,常处于还原状态。强烈的大气降水,带来大量地表红土物质,洼斗中水体深度也明显增加,水体深度的增加及其中的腐殖质导致洼斗呈还原状态。含矿系岩性、颜色和结构构造出现明显的变化,说明在较长的地质历史时期中,由于降雨强度、季节变化、水体流动性变化大,洼斗中水体的深度及氧化还原性质有较大的变化。该阶段洼斗中成矿物质相对较少,大气降水相对较多,由于成矿物质较少,洼斗中水排泄系统淤塞程度较低,水体排泄迅速,初期进入洼斗的成矿物质受到了最大程度和最长时间的铝土矿化作用,形成了品位高的铝土矿。风化壳物质在洼斗中受到强烈淋滤,其中的硅、铁等被溶解、带走,铝质残留富集,形成碎屑状、豆鲕状铝土矿;风化物质中的铁质团块、碎屑淋失,形成带有流失孔的蜂窝状结构铝土矿;蜂窝状铝土矿进一步淋滤,原有结构构造被破坏,铝质进一步富集,水铝石晶体增多,则形成高品位的砂状结构铝土矿;最终,胶结物被淋失,形成以水铝石晶体为主的粉末状铝土矿。蜂窝状、砂状、土状铝土矿出现在洼斗的中下部位。

(3)晚期,随地表红土物质带入,洼斗逐渐填满、淤塞,同时,随海侵发展,地下水面上升,洼斗内,水体向下的流动性变差,淋滤作用变弱,同时后期进入洼地、洼斗物质受到的淋滤时间也较短,形成低品位铝土矿、黏土岩。导致地下水面上涨,更多地区被水淹没,矿区较大范围内发生低强度的淋滤和排泄,在岩溶洼斗顶部及更大范围形成薄层、低品位的碎屑状、豆鲕状铝土矿、黏土矿等。下部则被水淹没,水体的流动停止,铝土矿化作用停止。

(4)最后,随海侵的发展,地下水面淹没地面,岩溶洼斗完全被淤塞,水体停止流动,铝土矿化作用停止,地表植物疯长,腐殖质堆积于水体中,出现泥炭沼泽,矿区完全处于还原环境,形成本溪组上部的碳质黏土岩及煤层。

(5)太原期,海侵导致华北地区为陆表海覆盖,在河南省西北地区本溪组之上广泛沉积了海相的生物屑灰岩,局部地区本溪组直接顶板为石英砂岩。

岩溶洼斗发育的时间过程,形成河南省西北地区铝土矿下部铁质黏土岩,中部铝土矿,上部黏土岩、碳质黏土岩的分带性;还形成了岩溶洼斗底部的蜂窝状、砂状高品位铝土矿,以及上部的碎屑状、豆鲕状低品位铝土矿的结构差异及品位差异。

岩溶洼斗铝土矿形成的早期,岩溶洼斗中成矿物质较少,流体的下渗、淋滤强烈,最早进入洼斗的物质受到更长时间的淋滤,硅质、铁质的流失更强烈,原先结构构造破坏,形成蜂窝状、砂状等高品位的铝土矿;晚期,岩溶洼斗淤塞,地下水面上涨,流体的下渗及淋滤作用减弱,铝土矿化作用在更大的范围内低强度进行,后期进入岩溶洼斗的物质,受到淋滤的时间也更短,因此形成的铝土矿品位较低,矿石结构保持碎屑状、铝质胶体形式迁移形成的豆鲕状等结构,出现在洼斗顶部、洼地中,成为河南省西北地区铝土矿区最常见的矿石类型。

9.3 岩溶洼斗成矿的空间模式

空间上,一个矿区各个部分水文地质条件差别较大,大气降水的集聚、排泄、淋滤体系发育的程度不一样,铝土矿化强度差别较大,形成产物也有明显的差别。

(1)岩溶洼斗。一个矿区范围内,深度较大的岩溶洼地往往是大气降水、成矿物质优先集聚的地区,也是大气降水最早流入、最晚排泄的地区。因此,成矿物质集聚条件最好,受到淋滤作用的强度最高,频率最高,铝土矿成矿条件最好,形成大厚度、高品位的洼斗状铝土矿。

(2)岩溶洼地。洼地地势平坦,面积较大,岩溶水的集聚、排泄条件相对较差,成矿物质的厚度由于存储空间面积相对较大,而相对较小,受到大气降水的淋滤的频率较小、强度相对较弱,形成面积大、厚度小、低品位的层状铝土矿。

(3)地势相对较高地区。为成矿物质、大气降水的流失区,长期处于剥蚀和缺乏大气水的状态,铝土矿化作用最弱,仅残留铁质黏土岩或仅形成黏土矿。部分地区完全被剥蚀,本溪组沉积缺失。

(4)地下水面以下。地下水面以下地区,水体的下渗及淋滤不发育,排水不畅,铝土矿化作用较弱。腐殖质集聚,形成黄铁矿黏土岩、碳质黏土岩。

同一矿区,相距较近的洼斗,有时含矿性出现明显差别。如下冶矿区 ZK4026 和 ZK3826 相距 50 m,ZK4026 钻孔含矿岩系厚度达 29 m,除顶部有厚度约 1.6 m 的低品位铝土矿外,主要为铁质黏土岩,ZK3826 含厚度达 26 m 的铝土矿。这说明,发育大气降水积聚、排泄系统的岩溶洼斗,成为铝土矿富集的场所,而由于某种原因,未能发育大气降水积聚、淋滤、排泄系统的岩溶洼斗,铝土矿化强度低,红土物质未能形成铝土矿。下冶矿区 ZK4026 可能是缺少大气降水的流入,其中充填的黄褐色、红褐色的铁质黏土页岩等风化物质,未能形成铝土矿。

同一矿体相近钻孔铝土矿厚度、品位出现明显差别。如下冶矿区Ⅷ号矿体地势较高的钻孔 ZK0859A、ZK0858、ZK0659 含矿较差,而相距 25 m 的地势相对较低的 ZK0656、ZK0660A 钻孔则出现厚度巨大的含有蜂窝状、砂岩状高品位矿石的铝土矿体。ZK0859A、ZK0858、ZK0659B 等钻孔灰色调的铝土矿层中出现鲜艳的红色团块、斑点,即为残留的红土物质,说明红土物质受到的淋滤强度受所处位置的明显影响,这些钻孔由于相对地势较高,其中的红土物质受到的浸泡、淋滤相对较弱,仍然保留了红土物质的团块。郭沟矿区 ZK136101 钻孔则显然处于水体之下,水体缺少流动性,红土风化物质在还原环境下,颜色发生变化,但其中的铁质、硅质没有带出。岩溶洼斗中充填厚度达 30 m 的碳质黏土页岩、黄铁页岩等还原条件下的产物。仅上部有厚 2 m 的低品位铝土矿。

陕西铜川—韩城一带的铝土矿,也发现因排水不畅而未形成铝土矿的岩溶洼地(韩俊民,2007)。菲律宾的现代岩溶型铝土矿成矿过程中,有河流通过与有泥岩隔挡的岩溶洼地中,充填物未发育成铝土矿,岩溶洼地是成矿的重要因素(戴晓彬,2005)。河南省西北地区含铝土厚度较小及不含矿的岩溶洼斗中的充填物是未经淋滤的古碳酸盐岩风化壳物质。水体较深、排泄不畅的洼地、洼斗,有机质富集,水体还原性较强,在细菌的作用下,形成硫铁矿矿床。不含矿的岩溶洼斗由于未发育铝土矿成矿系统,其充填物未经铝土矿成矿作用影响,硅质、铁质的淋滤、带出不明显,与洼斗外广泛分布的铁质黏土岩一样,化学成分显示出铁和硅含量较高,Al_2O_3 和 SiO_2 的正比例变化关系的特征。

岩溶洼斗发育的空间模式,形成了河南省西北地区铝土矿平面上分布的有限性、铝土矿矿体厚度和品位的正相关性,也形成了矿体形态的差异性,也是一个矿区形成铝土矿,而另外的矿区形成黏土矿、部分矿区出现黄铁矿黏土岩的原因。

9.4 河南省西北地区铝土矿富集模式探讨

河南省西北地区铝土矿成矿富集模式有红土说和湖(海)解说,以及次生富集成矿富集模式。红土说模式认为在高地上首先形成红土型铝土矿,经过剥蚀在洼地中形成铝土矿;湖(海)解说认为铝土矿形成于湖泊或海洋中,地表的红土化物质被带到湖泊或海洋中,在海水、湖水的淋滤、分解作用下,去硅、去铁而形成铝土矿;次生富集说认为铝土矿在后期被抬升到地表,其中的黄铁矿、碳质氧化,黄铁矿氧化形成的硫酸使铝土矿进一步脱硅、脱铁,次生富集成矿。红土成矿模式和河南省西北地区铝土矿如下地质特征相矛盾:

(1)河南省西北地区铝土矿无红土型铝土矿典型的结构构造特征。红土型铝土矿典型的矿石结构构造,如结核状结构,河南省西北地区铝土矿基本未出现;河南省西北地区铝土矿高品位矿石的结构构造如蜂窝状、砂状铝土矿也是红土型铝土矿所没有的。产生结构构造差异的主要原因在于红土型铝土矿形成于地表氧化环境,铁质稳定,而铝质相对以胶体形式迁移,因而以胶状结构为主;而河南省西北地区铝土矿为还原环境下铁质、硅质相对迁移、铝质残留富集形成铝土矿。

(2)河南省西北地区铝土矿分布的平面上的有限性、不均匀性。高地上原先已经形成的红土型铝土矿的剥蚀,在岩溶低洼地区的堆积形成的铝土矿,应当具有均匀性和普遍性,不应当有选择性。而河南省西北地区铝土矿的分布比较有限,仅出现于岩溶洼地洼斗中,洼斗外相变为黏土矿,部分矿区出现不含矿岩溶洼斗等现象。

（3）河南省西北地区铝土矿剖面上的差别。高品位铝土矿出现于岩溶洼斗中下部位，矿石品位和厚度呈正比的规律性。红土型铝土矿堆积形成河南省西北地区铝土矿，各洼斗中铝土矿品位应接近，不应当产生以上差异。

（4）河南省西北地区铝土矿与红土型铝土矿化学成分有明显差别。河南省西北地区铝土矿低铁、高硅，红土型铝土矿高铁、低硅。

（5）河南省西北地区铁质黏土岩和红土型铝土矿的铁质层化学成分有明显区别。河南省西北地区铝土矿区局部出现山西式铁矿，局部出现高铁铝土矿，但是铁质黏土岩具有相对较低的铁含量和较高的硅含量；红土型铝土矿铁质层铁含量较高，往往达到铁矿石边界品位要求，而其硅含量较低。老挝红土型铝土矿的铁质层，A/S 一般达铝土矿要求，往往因 Al_2O_3 含量低于边界品位要求而未构成铝土矿。

（6）河南省西北地区铝土矿的灰色为主的色调也是以黄色、红色等氧化色调为主的红土型铝土矿简单堆积所无法解释的。

湖（海）解说可以解释河南省西北地区铝土矿低铁、灰色的特征，但具有如下缺点：

（1）不能合理解释河南省西北地区铝土矿分布的不连续性，河南省西北地区铝土矿分布在有限的范围内，一般矿区铝土矿面含矿率只有 5% ~ 10%，不具有海相、湖相成因的较大范围内的连续性。

（2）河南省西北地区铝土矿层中未出现典型的海相地层。

（3）河南省西北地区具有典型的海相特征的太原组中，黏土岩广泛出现，而未见铝土矿，说明华北石炭纪陆表海中并没有铝土矿的富集和成矿。世界范围内，铝土矿主要形成于陆地表面，铝土矿的海解成矿模式难以想象。

（4）海洋、湖泊中，沉积物为水完全浸泡，沉积物中水流动性缺乏，难于淋滤、排泄从而带走其他物质，而难以使铝质相对富集形成铝土矿。

铝土矿的次生富集成矿模式，可以解释铝土矿蜂窝状、土状等典型结构的出现。但是，蜂窝状、土状结构也广泛出现于深部钻孔中，蜂窝状、土状铝土矿之上广泛出现的低品位铝土矿，铝土矿经构造运动重新出现于地表后，上部应当首先受到次生富集作用的影响，而出现蜂窝状结构，而不是出现于豆鲕状、碎屑状铝土矿之下，蜂窝状、土状铝土矿主要形成于原生阶段、上覆碎屑状、豆鲕状铝土矿形成以前。应当认为，次生富集作用导致铝土矿中铁、碳的氧化、淋滤、流失，而使铝土矿品位提高，但河南省西北地区铝土矿矿物组分缺少三水铝石的特征，说明次生富集阶段新的铝矿物的形成、硅的流失是有限的，铝土矿的品位主要取决于原生因素。次生富集作用对河南省西北地区铝土矿的成矿无重要意义。整个石炭纪持续时间约 70 Ma（王鸿祯，1980），相应晚石炭世持续时间约 35 Ma，本溪期持续时间约 17 Ma。铝土矿成矿是一个较长的地质历史过程，涉及晚石炭世本溪期前后数以千万年的时间，影响成矿的因素发生过超出人们想象的各种变化，气候变化、板块碰撞、火山喷发、植物兴衰、海侵海退、地表的多次夷平、岩溶地貌的多次发育和消失，都可能对铝土矿成矿产生影响，单个的铝土矿区又有局部的影响成矿的地质因素，如地形、水文条件等，各地铝土矿地质特征相似又千差万别。

河南省西北地区铝土矿成矿过程中，红土化阶段导致了地表物质铝的初步富集，是河南省西北地区铝土矿成矿富集的重要阶段；铝土矿为炭质页岩、薄层煤等地层覆盖，铝土矿成矿作用的后期呈沼泽环境,为湖(海)解说提供了基础;次生富集作用在河南省西北地区一些铝土矿区的确可以观察到,铝土矿在被带到地表之后,其中的铁、硫等元素经氧化、流失,可以提高铝土矿的品位。以往河南省西北地区铝土矿成矿富集模式都可以在河南省西北地区铝土矿找到依据。

铝土矿的成矿系统是一个陆地表面的成矿系统,同时又是一个其他物质带出而铝质残留下来形成铝土矿的成矿系统,该系统最为重要的作用是湿热气候下水对地表物质的持续长期的淋滤、带走其他物质,红土型铝土矿出现于热带雨林地区是对这一作用的最好说明。岩溶型铝土矿的成矿作用核心的过程仍然是水对地表物质的淋滤,岩溶洼斗是岩溶系统中水最为活跃的地区,持续的水的淋滤同样是岩溶型铝土矿成矿最重要的因素。岩溶洼地洼斗富集成矿模式,可以更全面、更深入、更系统,切合实际地解释河南省西北地区铝土矿的地质特征。

河南省西北地区铝土矿和寒武—奥陶系古岩溶风化剥蚀面关系密切,铝土矿成矿富集取决于岩溶洼斗集聚大气降水、成矿物质、淋滤、排泄的强度和规模。时间上,形成了本溪组底部的铁质黏土岩、中部的铝土矿、上部的碳质黏土岩,下部的小范围高品位铝土矿、上部的大范围低品位铝土矿;空间上,形成品位和厚度成正比、矿体形态的差异及矿区、矿段间矿化的差别。红土型铝土矿层形成于地表氧化环境下,铁质地表富集,铝质呈胶体迁移,矿石呈红色、黄褐色,以结核状结构为主要结构类型,Al_2O_3 和 TiO_2 呈反比例变化;河南省西北地区铝土矿形成于岩溶洼斗还原环境中,铁质、硅质活动性较大,铝质残留形成铝土矿,矿石呈灰色,出现蜂窝状、砂状等结构构造,Al_2O_3 和 TiO_2 呈正比例变化。岩溶洼斗成矿模式能够对河南省西北地区铝土矿地质特征进行全面的合理解释。

第10章 成矿后变化及矿床分布规律

矿床是地质历史的产物,是在地质历史的演化中形成的。而不少矿床在形成后又因环境变化破坏而消失(翟裕生,1997,2002)。铝土矿含矿岩系形成以后,河南省西北地区经历了长达300 Ma的地质演化,经历了多次构造运动,对铝土矿的保存、出露定位有着明显的影响。河南省西北地区铝土矿现今的出露位置是长期地质构造演化的结果。后期的构造运动是河南省西北地区铝土矿保存、出露于现今位置、成为目前经济技术条件下具有经济价值的矿床的主要因素。

10.1 河南省西北地区构造—沉积简史

河南省西北地区寒武纪—中奥陶世形成了厚度巨大的碳酸盐岩,经过晚奥陶世—早石炭世的风化剥蚀,在晚石炭世海侵前,河南省西北地区整体上呈东低西高、植物密布的碳酸盐岩准平原状态,地势平坦,在热带雨林条件下,铝土矿广泛形成于岩溶洼地洼斗中。海侵从东北部开始,东北部地区最早被淹没,岩溶洼地中铝土矿化作用停止较早,铝土矿成矿条件相对较差,焦作以东地区形成黏土矿床,西南地区淹没较晚,铝土矿成矿作用持续时间较长,形成规模大、品位高的铝土矿床。

太原期,大规模的海侵结束了河南省西北地区铝土矿的成矿作用,本溪组被太原组海相生物灰岩、砂岩、黏土岩、煤层所覆盖,铝土矿得以完好保存。

太原组之上是二叠系、三叠系的连续沉积。二叠系以陆相的砂岩、黏土岩、煤层为特征,厚度巨大,广泛分布的二$_1$煤显示出海退后植物繁茂的大陆状态。

三叠系主要为陆相砂岩,岩石色调也以红色为主,显示高温氧化的陆地环境。河南省西北地区所有铝土矿成矿带均有二叠系、三叠系存在。二叠系出露于石炭系倾向方向的邻近地区,三叠系出现于远离石炭系的靠近盆地中心的位置。这些地层间整合的接触,说明这一时期构造运动以持续的整体下降为主,水平运动较弱。铝土矿被深埋在地下。形成时,铝土矿主要矿石矿物为三水铝石,经后期的埋藏、变质,三水铝石转变为一水硬铝石。

中三叠世,印支运动开始,扬子板块和中朝古板块全面碰撞,秦岭—大别造山带隆起(薛祥煦,2002;徐政语,2005),华北地区在秦岭—大别构造挤压作用下抬升,河南省西北地区地貌发生较大改变,开始隆起,接受剥蚀。渑池向斜、新安向斜、嵩箕地区的褶皱形成,河南省西北地区主要褶皱构造最年轻的地层为中三叠统。受秦岭—大别构造带的影响,主要的构造线方向呈近东西向、北西向。河南省西北地区大部分地区隆起,成为中国东部高地的一部分。

随后的侏罗纪、白垩纪,河南省西北地区主要地区处于隆起剥蚀状态,侏罗系、白垩系分布面积有限,主要分布于洛阳—济源盆地、渑池—新安盆地等向斜盆地的中心部位。在灵宝、汝阳九店、嵩县田湖、宝丰大营有这一时期的火山岩发育。河南东部隆起,出现高大山系,接受剥蚀,形成武陟、长葛等古生界缺失区。

新生代,受中国东部构造运动影响,河南省北太行山以东地区大面积沉降,形成华北平原,沉积了厚度巨大的新生代沉积物。北东向的断陷盆地发育。中生代的剥蚀区为新生界沉积物覆盖。嵩箕地区、岱嵋寨地区、秦岭进一步隆起,隆起附近的沉积盆地出现角砾岩。

河南省西北地区主要隆起在印支运动期开始隆起,河南省西北地区小秦岭隆起时间主要在中生代末期(胡正国,1994),秦岭中更新世以来进一步隆升,在全新世尤其是后期发生强烈抬升(薛祥煦,2002)。河南省西北地区地形地貌主要形成于新生代。

10.2 河南省西北地区铝土矿的出露过程

石炭纪,形成于地势平坦的碳酸盐岩古夷平面的铝土矿,广泛分布于华北各地,产状近似水平。其后,石炭系太原组、二叠系、早中三叠统连续沉积,铝土矿深埋地下,后经多期构造运动,抬升到今天的位置。现今的铝土矿出露位置是构造运动长期演化史中铝土矿的暂时停留。河南省西北地区铝土矿形成后受到如下构造运动的影响。

(1)晚石炭世—中三叠世:连续沉积阶段。

本溪组与其上覆的太原组到中三叠统地层整合接触,基本上呈连续沉积。说明该阶段构造运动较弱,以水平升降运动为主,铝土矿受到掩埋,免于剥蚀。由于较长的地质历史、上覆岩石的压力、较高的温度等因素,河南省西北地区铝土矿主要矿物由三水铝石转变为一水硬铝石。

本溪期末,河南省西北地区铝土矿含矿岩系之上出现铝土矿角砾及太原组石英角砾岩出现,说明太原组沉积前,中朝古板块发生过较大规模的构造变动,铝土矿受到了早期的剥蚀,古高地上的碳酸盐岩已经被剥蚀,古老碎屑岩、变质岩、侵入岩开始出露地表。

(2)晚三叠世。褶皱运动晚三叠世,扬子板块和中朝古板块碰撞,秦岭—大别山系隆起,在强烈的挤压下,河南省西北地区发生水平构造运动,中三叠统以下地层,形成近东西向的褶皱构造,如渑池向斜、新安向斜、颍阳—新密向斜等及相应向斜。相对向斜盆地出现的隆起如岱嵋寨隆起、嵩山隆起开始出现。本溪组卷入褶皱,在背斜被带到相对较高位置。中生代,河南东部隆起强烈,出现了高大的山系,从而出现武陟、长葛、兰考等地的古隆起,古生界被剥蚀殆尽,部分地区甚至剥蚀到太古宇。铝(黏)土矿被剥蚀,出露于古地表,有资料表明河南省东驻马店、商丘等市有铝土矿赋存(楚新春,1992)。

宝丰大营矿区厚度巨大的白垩系火山岩之下,地层为二叠系底部、石炭系、寒武系,说明在白垩系火山岩沉积前,古生代地层受到了明显的剥蚀。

(3)新生代的断陷作用。

新生代构造运动以断陷运动为特征,在断层作用下,部分地区下降、其他地区相对隆起,塑造了河南省现今的地质概貌。

晚白垩世末,沿太行山前断裂伸展滑脱作用开始发育,山西高原与华北平原的地貌差异开始形成(张家声等,2002)。太行山以东地区下降,接受了厚度最大达 5 000 m 的新生界沉积物,华北平原形成。武陟、长葛等隆起,被掩盖在新生界之下。原先的北西向构造进一步活动,新安—渑池盆地、洛阳盆地,汝州—宝丰盆地进一步发育,充填第三系山麓—河流相的角砾岩建造。河南省西北地区隆起被夷平,后又隆起,嵩山山顶的夷平面发育在古新世到始新世,始新世末结束,古夷平面形成后受后期构造运动的影响,逐步抬升到了现今的高度(郭志永,2005)。

(4)河南省西北地区主要隆起形成于新生代。铝土矿在隆起被剥蚀,在沉降区又被深埋地下。在隆起周围出露,形成今天铝土矿床(点)围绕隆起分布的特征。

第11章 河南省西北地区典型铝土矿床简介

11.1 曹窑铝土矿区

曹窑铝土矿是义马煤业(集团)有限责任公司(简称义煤集团)下属生产矿山,矿区位于三门峡市渑池县,行政隶属张村乡、陈村乡管辖。矿区面积 14.60 km²,地理坐标为:东经 111°35′15″ ~ 111°41′22″,北纬 34°47′18″ ~ 34°49′59″。矿区呈北东东向,长约 9.6 km、北北西向宽 1.2 ~ 2.0 km 的长条状。矿区铝土矿勘探由义煤集团三门峡义翔铝业有限公司进行,为特大型矿床。

矿区大地构造位置上位于渑池向斜盆地西端,成矿区带属陕渑新铝土矿成矿带的中矿带西段。矿区北侧紧邻已经勘探开发多年的中国铝业曹窑铝矿,有铝土矿出露地表。矿区范围内,地表大部覆盖着第四系黄土层及新近系砾岩,仅沿沟谷有二叠系呈枝杈状零星出露,未见铝土矿露头。下伏石炭—二叠系呈现向南东缓倾斜的单斜,倾角平缓,平均 15°左右。曹窑煤矿主要开采对象是山西组底部的二₁煤组。铝土矿含矿岩系位于二₁煤组之下,其间为石炭系上统太原组(厚度 22.6 ~ 69.9 m,平均 37 m)。矿区铝土矿为曹窑铝矿铝土矿体向深部的自然延伸,为隐伏矿体。矿区铝土矿体分布面积约 6.96 km²,单工程厚度 0.35 ~ 17.86 m,算术平均厚度 5.23 m,厚度变化系数 74%,属厚度较稳定型矿体。ZK174111 钻孔揭露矿体埋深达 671.47 m。矿区内圈出 14 个铝土矿体。以Ⅰ、Ⅱ号矿体最大,分别位于矿区东段和西段。Ⅲ、Ⅳ、Ⅴ、Ⅵ号矿体较小,位于矿区中部。矿体受地层控制,总体走向北东东,倾向南东,倾角 15°左右,与地层倾向一致。从空间上看,矿区铝土矿矿体的总体形态应是在厚度一至数米的似层状矿体背景上,不等距地嵌布着厚度大于 9 m 的洼斗状矿体的复合形态。矿体形态在横剖面上呈似层状、透镜(洼斗)状,以及两者的复合形态。其中透镜状矿体常处于底板碳酸盐岩的古溶斗中,厚度大,矿石质量较好。

Ⅰ号矿体:位于矿区东段,由 64 个钻孔控制。矿体走向北东,倾向南东,倾角平均 15°左右,矿体顶板产状与围岩基本一致。矿体平面形态呈大象形,鼻、尾翘起;剖面上呈板状。长 3 900 m,宽 100 ~ 860 m。浅部有港湾存在,深部矿体边界尚未圈闭。矿体面积 1.75 km²,工业矿体面积 1.69 km²,面含矿系数 96.68%,矿体内见无矿天窗 1 个。有夹层工程 13 个。矿体厚度最小 0.35 m,最大 17.86 m,算术平均厚度 5.28 m,厚度变化系数 76%。Al_2O_3 最低 45.26%、最高 71.43%、平均 60.96%,Al_2O_3 品位变化系数 10%;SiO_2 最低 7.38%、最高 26.19%、平均 15.67%,SiO_2 品位变化系数 30%;S 最低 0.03%、最高 3.06%、平均 0.93%,S 品位变化系数 73%。以矿体块段资源量加权平均,Al_2O_3 为 63.97%、SiO_2 为 12.99%、Fe_2O_3 为 3.10%、TiO_2 为 2.85%、S 为 0.90%、LOSS(烧失量)为 13.97%、A/S(Al_2O_3/SiO_2)为 4.9。估算(332) + (333)类铝土矿资源量 2 668.8 万 t。

Ⅱ号矿体:位于矿区西部,由60个钻孔控制。矿体走向北东,倾向南东,倾角平均15°左右,矿体顶板产状与围岩基本一致。受探矿证边界(北部)和工程控制程度的限制,矿体平面形态呈吊扇形,剖面上呈似层状、板状。矿体走向长3 370 m,倾向宽100~1 260 m,矿体面积1.69 km²。工业矿体面积1.68 km²。面含矿系数99.25%。受沉积无矿与勘查边界的共同影响,矿体平面形态复杂。浅部有港湾存在,深部矿体连续,矿体边界尚未圈闭,显示出良好的找矿前景。矿体内部见无矿天窗1个。有夹层工程18个,占见矿工程的30%。矿体厚度最小0.94 m,最大16.96 m,算术平均厚度5.11 m,厚度变化系数77%。Al_2O_3最低40.05%、最高72.12%、平均58.98%,Al_2O_3品位变化系数12.6%。SiO_2最低6.90%、最高25.35%、平均13.79%,SiO_2品位变化系数31%。S最低0.06%、最高4.77%、平均1.32%,S品位变化系数67%。以矿体块段资源量加权平均,Al_2O_3为61.37%、SiO_2为13.28%、Fe_2O_3为4.88%、TiO_2为2.61%、S为1.21%、LOSS为14.85%、A/S为4.6。估算(332)+(333)类铝土矿资源量2 410.4万t。矿区共估算(332)+(333)类资源量6 123.2万t;预测矿区深部还有6 100万t铝土矿资源潜力。

11.2　段村铝土矿区

铝土矿露头线断续长达6 000 m,宽300~600 m,矿体露头线与推断露头边界略显平直,有4处港湾。矿体形态较简单,主要呈层状、似层状,少量为洼斗状。131个工程中112个见矿,矿厚0.40~36.04 m,平均4.74 m。倾向170°~225°,总体倾向200°,倾角10°~36°,一般20°左右,个别地段受构造影响倾角变大,矿体形态沿走向与倾向均有膨缩变化的特点,其变化严格受古地形控制,矿体顶底板围岩与矿体呈整合接触,产状基本一致,矿体顶面相对平缓,北东高、南西低。底面总体趋势与顶面相似,不同的是在局部地段因古地貌的影响出现北东凹陷。矿体内部结构较复杂:有12个工程见到夹层,夹层1~2层,无矿天窗有10处。矿体埋深0~239.67 m(112个工程平均72.65 m),铝土矿资源/储量5 063.5万t,矿段平均品位,Al_2O_3为69.07%,SiO_2为8.65%,Fe_2O_3为2.41%,A/S为8.0。

11.3　雷沟铝土矿区

该矿段矿体地表无出露,全部被第四系掩盖,控制矿体长7 200 m,宽300~700 m,属于大型矿体。推断矿体露头边界基本平直,尚未见较大的港湾。矿体形态简单,主要呈层状、似层状,少量呈透镜状,矿体倾向190°~215°,总体倾向209°,倾角5°~30°,一般15°左右,局部由于沉积基底的起伏引起矿层波状变化,矿体形态沿走向与倾向亦有膨缩变化的特点,矿体顶底板围岩与矿体呈整合接触,产状基本一致,矿体顶底板的形态基本相似,北东高、南西低,局部地段受古地貌的影响出现凸起与凹陷;矿体厚度较稳定,128个工程中111个见矿,矿厚0.49~22.78 m,平均5.36 m。矿体内部结构较简单,发现有19个钻孔中有夹层,无矿天窗6处。该矿段铝土矿资源/储量6 526.6万t,矿段平均品位,Al_2O_3为67.83%,SiO_2为9.73%,Fe_2O_3为3.38%,S为0.476%,A/S为7.0。

11.4　管茅铝土矿区

矿区位于偃师市缑氏镇和府店镇境内,其地理坐标为:东经112°46′15″~112°49′45″,北纬34°31′45″~34°34′00″,面积9.38 km²。

矿区铝土矿地质勘探由洛阳香江万基铝业有限公司进行,为小型矿床。

矿区位于嵩箕隆起北侧和洛阳盆地接触部位,成矿区带属嵩箕成矿区偃师—巩义—荥阳成矿带的西矿段。矿区总体构造形态为向北倾斜的单斜构造。矿区地层产状与区域一致,总体走向为近东西向,地层倾向北,倾角较平缓,倾角9°~14°。矿区地表大部分为第四系黄土覆盖,南侧有寒武系灰岩出露,经开挖有铝土矿出露地表。矿区本溪组厚度0.60~42.48 m,平均厚度11.22 m。

矿区75个工程中30个见矿,矿厚0.93~27.64 m,平均6.12 m。整体来看,该区矿体的连续性较差,矿体内部结构较简单,有5个工程中出现夹层,夹层一般为单工程控制。圈定铝土矿体5个,自西向东、由南向北依次为Ⅰ、Ⅱ、Ⅲ、Ⅳ、Ⅴ号矿体,其中以Ⅴ号矿体规模较大。矿体形态受岩溶地貌明显影响,在岩溶洼斗处出现厚度巨大的矿体,但水平方向延伸有限,很快尖灭,总体上呈洼斗状;在岩溶洼地,矿体水平方向延伸较大,总体上呈似层状,也出现厚度较大部位。

Ⅴ号矿体为矿区的主矿体,呈层状、似层状产出,局部呈洼斗状,矿体形态沿走向与倾向均有膨缩的特点,其变化严格受古地形控制,矿体顶板围岩与矿体呈整合接触,产状基本一致,矿体顶面相对平缓,南西高、北东低;矿体厚度较稳定,38个工程中21个见矿,矿厚1.49~19.99 m,平均厚6.32 m,厚度变化系数为72%。矿体内部结构较简单,有3个钻孔中有夹层,夹层为1层。矿体平均品位,Al_2O_3为67.01%,SiO_2为12.61%,Fe_2O_3为1.91%,S为0.072%,A/S为5.3。

11.5　济源下冶铝土矿区

11.5.1　矿区位置

矿区位于济源市西南部,行政区划隶属济源市下冶乡管辖,其范围东起下孟庄,西至蜘蛛山,北以矾水沟为界,南至白草坪一带。地理坐标为:东经112°09′17″~112°11′31″,北纬35°00′15″~35°02′36″。

11.5.2　矿床特征

1. 含矿岩系的分布

矿区含矿岩系为石炭系本溪组。在矿区广泛分布,隐伏于矿区中部、东部的第四系及二叠系覆盖区下,沿沟谷露头连续出现。在矿区西部奥陶系出露区,呈残留体出露,到处可见,点多,分散,规模小,常有小规模较富铝土矿体赋存其中,为当地民采的主要对象。

在白草坪至水洗沟,含矿岩系沿沟谷连续出露,厚度一般4~10 m。上覆地层有石炭系上统太原组,二叠系下统山西组、下石盒子组及第四系。

在水洗沟以西地区和南崖头,本溪组出露较连续,呈环状、半环状出露于陡崖顶部变缓部位,地貌上多为缓坡,厚度一般 5~8 m,赋存于奥陶系灰岩溶蚀坑中的本溪组较厚,可达 30~50 m。上覆仅有石炭系上统太原组下部和第四系,盖层较薄。

坡池—陶山一带,在大面积裸露的奥陶系灰岩之古岩溶洼斗内有零星的本溪组分布,面积一般 1 500~4 000 m²,厚度大,一般 25~50 m。除李家庄地区其上有少量太原组外,其余地区无盖层或仅有少量第四系覆盖。

钻孔 ZK4880、ZK6340、ZK5532 中,该组缺失。

该组总体上较为连续,尤其是底部的铁质黏土页岩,含大量铁质,色彩明显、层位稳定,可以作为矿体底板标志。

2. 含矿岩系地质特征

整个本溪组厚度虽然不大,但岩性复杂,自下而上可分为 6 层。

(1)铁质黏土岩。地表为褐铁矿化或赤铁矿化黏土岩,局部所形成之铁矿体均不可采。深部则为黄铁矿化黏土岩。厚 0.50~1.00 m。

(2)富铁铝土矿。仅存于古岩溶洼斗内,矿石一般呈土状、多孔状或蜂窝状。

(3)铝土矿及黏土岩。该层是主要含矿层位,层位较稳定,但厚度变化大。颜色杂,以灰色为主,夹杂黄褐、土黄、青灰、灰白色。中、下部一般为豆鲕状结构或微粒凝聚结构,鲕状矿石常呈褐色,其中含铁高;上部为致密状结构,块状构造。该层大多可达到铝土矿工业指标要求,局部为黏土岩或黏土矿,厚 1.00~7.70 m。

(4)硬质黏土矿。通常为铝土矿的直接顶板,浅灰色,泥质结构,块状构造,是矿区主要黏土矿层,厚 0.50~4.25 m。

(5)黑色高岭石黏土。呈透镜状分布于局部地段,泥质结构,块状构造,风化后极易破碎。厚 0.50~1.0 m。

(6)黏土岩、黏土质页岩、炭质页岩,厚 0.30~1.20 m。

3. 厚度变化及与矿层的关系

据现有资料统计,本溪组厚度一般 3~20 m,最厚大于 50 m,厚度变化大,官洗沟、南崖头局部缺失。该组与铝土矿层关系密切,一般二者呈正相关。含矿岩系与铝土的厚度变化严格受奥陶系中统上马家沟组古岩溶地形的控制。在古侵蚀面的低凹处,即古岩溶洼斗处,含矿岩系厚度大,含矿率高,矿石质量最佳。在古地形的凸起处,含矿岩系变薄,矿层随之变薄,甚至尖灭,矿石质量也较差。铝土矿可以出现于本溪组的上中下任何部位。

11.5.3 矿体特征

矿区铝土矿体形态严格受奥陶系古侵蚀面的控制,矿体主要有三种形态:①(似)层状;②透镜状;③洼斗状。矿层的形态与古岩溶侵蚀面关系密切,在古地形为平坦、开阔的岩溶盆地、洼地时,形成(似)层状矿层,厚度稳定,品位一般较低;在奥陶系侵蚀面起伏幅度大的地段,形成洼斗状矿层,中间厚、周边薄,呈明显的"萝卜状",矿体厚大,矿石品位高,但矿体延伸有限。透镜状矿体为似层状矿体与洼斗状矿体的过渡类型。矿区高品位铝土矿矿石均赋存于洼斗中,洼斗状矿体为区内目前经济意义最大的铝土矿类型,也是本次勘查的目标矿体类型。原头矿段南部的矿体为似层状,坡池—陶山一带为洼斗状。

勘查圈定工业矿体 10 个,主要分布于原头南部—官洗沟南部一带,集中连片,规模较大,总体上呈北西西向展布,自西北地区到东南编为Ⅰ、Ⅲ、Ⅳ、Ⅶ、Ⅷ、X 号矿体,其他地区铝土矿体呈孤立洼斗状出现,规模较小,自上到下、自西到东编为Ⅴ、Ⅵ、Ⅸ、X 号矿体。其中Ⅲ、Ⅶ、Ⅸ、X 号矿体规模较大,为本次勘查工作的主要矿体。其主要地质特征如下。

Ⅲ号矿体:位于原头村矿段 16 勘探线与 50 勘探线间,被第四系黄土覆盖,地表沟谷中有露头,地表 TC1808 ~ TC13 间矿体连续性较差,但多为厚度较大的高品位铝土矿,TC11、TC12 间矿体厚度较小,但连续性较好。矿体呈单斜产出,倾向 75°,倾角 5° ~ 10°,矿体平面形态不太规则,分为东、西两个部分,西部大致为长方形,北西长约 700 m,南北宽 100 ~ 300 m,东部地表沟谷中有露头,地表露头矿体不连续,主要是洼斗状矿体、厚度大、品位高、延伸有限。矿体平面形态不太规则,大致为不规则产状,倾向 70°,倾角 4° ~ 12°,北西长约 400 m,北东向宽约 500 m,南东向展布。钻孔见矿的有 ZK2212、ZK2818、ZK2822、ZK3222、ZK3624、ZK3626、ZK3628、ZK3630、ZK3826 等钻孔,地表施工有探槽 TC1808、TC1607、TC3836、TC3840、TC3842、TC4042、TC5226、TC5228、TC5426、TC5630、TC5634、TC5636,原地质普查工作施工有 TC03、TC11、TC12、TC13、TC01、TC02、TC06 等地表工程。由于地表坟地较多,在此进行钻探工程难度较大,施工钻孔较少,深部矿体控制不足。勘探工作在此矿体施工钻孔 60 个,如 ZK1814、ZK2012、ZK2016、ZK2214、ZK2218、ZK2418、ZK2420、ZK2606、ZK2616、ZK2620、ZK2818A、ZK2819A、ZK2820A、ZK2821A、ZK3019A、ZK3004、ZK3019、ZK3020、ZK3020A、ZK3021、ZK3021A、ZK3022A、ZK3023A、ZK3024、ZK3218、ZK3219、ZK3219A、ZK3221A、ZK3222A、ZK3223、ZK3223A、ZK3226、ZK3230、ZK3223B、ZK3426、ZK3428、ZK3430、ZK3432、ZK3632、ZK3626A、ZK3825、ZK3827、ZK4026A、ZK4027A、ZK4028A、ZK4029A、ZK4030A、ZK4027、ZK4029、ZK4031、ZK4033、ZK4035、ZK4037、ZK3836A、ZK3834A、ZK3826A、ZK3828A、ZK4828A、ZK4830A;未见矿钻孔有 ZK2218、ZK2606、ZK3024、ZK3230、ZK3632、ZK3825、ZK3826A、ZK4026A;并施工探槽 13 条,见矿有 TC3016、CK3016A、TC3418、TC5050A、TC4416、CK4822A、TC4418A、TC4822A、TC5227A,其中 30 勘探线至 32 勘探线间为品位较高、厚度较大的铝土矿,部分地段工程间距已达 25 m×25 m,大部分地段工程间距 50 m×50 m。本次估算资源量 139.6 万 t,其中工业矿体矿石量 113.1 万 t,已采资源量 1.2 万 t,边际经济基础储量 25.3 万 t。据 97 个见矿工程统计,单工程矿体厚度 0.50 m(ZK3221A) ~ 19.28 m(ZK3836A),矿体厚度变化系数 87%,矿体平均厚度 3.80 m。工业矿体矿石平均品位,Al_2O_3 为 59.71%,SiO_2 为 13.82%,Fe_2O_3 为 6.77%,TiO_2 为 2.40%,S 为 0.064%,A/S 平均为 4.3。

矿体覆盖层厚度变化于 5.28 ~ 50.02 m,平均厚度 26.94 m。

矿体顶板高程变化于 398.08 ~ 471.64 m,底板变化于 352.23 ~ 430.65 m。

11.5.4 矿石矿物成分、结构及构造

矿石中的矿物成分主要是一水硬铝石,含量 70% ~ 95%,为矿区矿石主要的含铝矿

物,其次是高岭石、水云母等黏土矿物及铁质。

矿石自然类型主要为豆鲕状铝土矿、致密状铝土矿,其次有砂岩状铝土矿和土状铝土矿、蜂窝状铝土矿。其中豆鲕状铝土矿为最常见的铝土矿类型,几乎所有探矿工程均可见到,多分布于矿体的上部,砂岩状铝土矿、土状铝土矿、蜂窝状铝土矿品位较高,多分布于豆鲕状铝土矿下面,较为少见。矿石结构主要有致密状、豆鲕状和土状结构,另有极少量矿石呈碎屑状结构。矿石构造简单,均为块状构造、层状构造。

11.5.5 矿石的化学成分及其变化特征

矿石的主要化学成分为 Al_2O_3、SiO_2、Fe_2O_3、TiO_2 等。Al_2O_3 为主要有益组分,SiO_2 为主要有害组分。Al_2O_3 含量 40.40% ~ 77.92%,平均 60.98%,变化较小,变化系数 16%;SiO_2 含量 1.76% ~ 26.40%,平均 12.44%,变化系数 54%;Fe_2O_3 含量 0.45% ~ 32.70%,平均 6.93%,变化系数 97%;TiO_2 含量 0.30% ~ 4.45%,平均 2.44%,变化系数 21%;S 含量 0.01% ~ 2.19%,平均 0.065%,变化系数 216%;LOSS 变化于 9.74% ~ 26.06%,平均 13.27%,变化系数 14%。A/S 变化于 2.1% ~ 29.5%,平均 4.9,变化系数为 87%。

矿区铝土矿 Al_2O_3 和 A/S 一般较高,质量较佳,但 Fe_2O_3 含量也普遍较高,矿石属中铁低硫中铝硅比矿石。根据矿石品级标准,矿区矿石平均品级为 V 级。

据统计分析,Al_2O_3 和 SiO_2 存在着负相关关系,在剖面上,矿体中部 Al_2O_3 和 A/S 高,而 SiO_2 较低,上、下部则相反。Fe_2O_3 一般底部高,中、上部低。TiO_2 变化不大。平面上,矿体厚度与 Al_2O_3 和 A/S 呈正相关,与 SiO_2 呈负相关。即在透镜状矿体中心厚大部位,Al_2O_3 和 A/S 较高,SiO_2 则较低,边部矿体变薄甚至尖灭部位,Al_2O_3 和 A/S 较低,SiO_2 则较高。

11.6 济源下冶铝土矿区(坡池段)

矿区位于济源市南西约 260°,距济源市约 45 km,北距下冶乡政府约 5 km,行政区划隶属下冶乡管辖。矿区东起马界,西至蜘蛛山,北以矾水沟为界,南至前庄一带。其地理坐标为:东经 112°09′17″ ~ 112°11′31″,北纬 35°00′15″ ~ 35°02′36″。矿区面积 3.32 km²。

11.6.1 含矿岩系特征

矿区含矿岩系为石炭系本溪组。在矿区坡池段零星出露,呈残留体出露,到处可见,点多,分散,规模小,常有小规模较富铝土矿体赋存其中,为当地民采的主要对象。

在大面积裸露的奥陶系灰岩之古岩溶洼斗内有零星的本溪组分布,面积一般几百至 4 000 m²,厚度大,一般 25 ~ 50 m。大多数地区无盖层或仅有少量第四系覆盖。

11.6.2 含矿岩系地质特征

整个本溪组厚度虽然不大,但岩性复杂,自下而上可分为 6 层。

(1)铁质黏土岩或黏土岩。地表为褐铁矿化或赤铁矿化黏土岩,局部所形成之铁矿体均不可采。厚 0.50 ~ 1.00 m。

（2）富铁铝土矿。深灰色，仅存于古岩溶洼斗内，矿石一般呈土状、多孔状或蜂窝状。

（3）铝土矿及黏土岩。该层是主要含矿层位，层位较稳定，但厚度变化大。颜色杂，以灰色为主，夹杂黄褐、土黄、青灰、灰白色。中、下部一般为豆鲕状结构或微粒凝聚结构，鲕状矿石常呈褐色，其中含铁高；上部为致密状结构，块状构造。该层大多可达到铝土矿工业指标要求，局部为黏土岩或黏土矿，厚 1.00~7.70 m，局部可达 10 余 m。

（4）硬质黏土矿。通常为铝土矿的直接顶板，浅灰色，泥质结构，块状构造，是矿区主要黏土矿层，厚 0.50~4.25 m。

（5）黑色高岭石黏土。呈透镜状分布于局部地段，泥质结构，块状构造，风化后极易破碎。厚 0.50~1.0 m。

（6）黏土岩、黏土质页岩、炭质页岩，厚 0.30~1.20 m。

11.6.3　厚度变化及与矿层的关系

据现有资料统计，本溪组厚度一般 3~20 m，最厚大于 50 m，厚度变化大。该组与铝土矿层关系密切，一般二者呈正相关。含矿岩系与铝土的厚度变化严格受奥陶系中统上马家沟组古岩溶地形的控制。在古侵蚀面的低凹处，即古岩溶洼斗处，含矿岩系厚度大，含矿率高，矿石质量最佳。在古地形的凸起处，含矿岩系变薄，矿层随之变薄，甚至尖灭，矿石质量也较差。铝土矿可以出现于本溪组的上、中、下任何部位。

11.6.4　矿体特征

矿区铝土矿体形态严格受奥陶系古侵蚀面的控制，矿体主要有两种形态：①透镜状；②洼斗状。以洼斗状为主。矿层的形态与古岩溶侵蚀面关系密切，在奥陶系侵蚀面起伏幅度大的地段，形成洼斗状矿层，中间厚、周边薄，呈明显的"萝卜状"，矿体厚大，矿石品位高，但矿体延伸有限。矿区高品位铝土矿矿石均赋存于洼斗中，洼斗状矿体为区内目前经济意义最大的铝土矿类型，也是本次勘查的目标矿体类型。

本次勘查共圈定工业矿体 6 个，分布于坡池、南庄、前庄一带，集中连片，规模较小，总体上呈北西西向展布，自西北地区到东南编号为 Ⅰ、Ⅱ、Ⅲ、Ⅳ、Ⅴ、Ⅵ 号矿体。其主要地质特征如下。

Ⅰ号矿体：位于坡池村西，乡村公路两侧被第四系黄土覆盖，公路北侧地表沟谷中有露头，公路南侧由于人工开挖矿层已经露出地表。矿体呈洼斗状产出，地表形态为近圆形。矿体南北长约 46 m，东西宽约 40 m。主要是洼斗状矿体，厚度大、品位高、延伸有限。有钻孔 ZK01 和 TC01 两个工程控制，工程间距 19 m。两个工程均见矿，见矿厚度分别为 11.58 m、8.9 m。本次估算资源量 24 312.7 t。矿体厚度变化系数 87%，矿体平均厚度 10.24 m。工业矿体矿石平均品位：Al_2O_3 为 59.17%，SiO_2 为 13.14%，Fe_2O_3 为 8.92%，TiO_2 为 2.33%，S 为 0.10%，A/S 平均为 4.50。矿体覆盖层厚度变化于 3~12 m，平均厚度 6 m。

矿体顶板高程变化于 425~429.5 m，底板变化于 411~421.5 m。

Ⅱ号矿体：位于南庄村西部约 240 m，地表有第四系黄土覆盖，在铝土矿体的南北两端有采挖露头。铝土矿赋存于奥陶系上马家沟组石灰岩溶蚀洼斗中，平面上形态呈北宽南窄的长圆形洼斗状矿体,呈北东南西向展布。南北长约 67 m,东西宽约 46 m。由 ZK02 钻孔和采坑 TC02 控制,工程见矿厚度分别为 12.95 m、11.53 m,矿体平均厚度 12.24 m。本矿体估算铝土矿资源储量 52 624.5 t,工业矿体矿石平均品位:Al_2O_3 为 57.95%,SiO_2 为 12.39%,Fe_2O_3 为 7.21%,TiO_2 为 2.53%,S 为 0.075%,A/S 平均为 4.68。矿体被第四系黄土覆盖,盖层厚度变化于 9.5~23 m,平均厚度 17 m。矿体顶板高程变化于 405~414 m,底板变化于 395~403 m。

Ⅲ号矿体:位于南庄村北部约 100 m,地表有少量黄土,铝土矿赋存于奥陶系上马家沟组石灰岩溶蚀洼斗中。呈洼斗状矿体。矿体平面形态呈椭圆形,东西长约 32 m,南北宽约 25 m。由 ZK03 钻孔控制,钻孔见矿厚度 10.95 m,本矿体估算铝土矿资源储量 7 194.6 t,工业矿体矿石平均品位:Al_2O_3 为 64.23%,SiO_2 为 13.31%,Fe_2O_3 为 3.20%,TiO_2 为 2.05%,S 为 0.050%,A/S 平均为 4.83。矿体基本裸露地表无盖层。矿体顶高程变化于 393~394 m,底板变化于 381~393 m。

Ⅳ号矿体:位于 3 号矿体东部约 100 m 处,地表有少量第四系黄土覆盖。矿体平面形态呈圆形,直径长约 30 m。由 ZK04 一个钻孔控制、矿体厚度为 8.64 m,矿体估算铝土矿资源储量 4 264.3 t。矿石平均品位:Al_2O_3 为 61.16%,SiO_2 为 14.54%,Fe_2O_3 为 4.08%,TiO_2 为 2.50%,S 为 0.040%,A/S 平均为 4.21。为一个大厚度高品位洼斗状铝土矿矿体。矿体无盖层。矿体顶高程变化于 389~391 m,底板变化于 378~389 m。

Ⅴ号矿体:位于南庄村南东方向 150 m 处,为一个洼斗状矿体。地表第四系黄土盖层较薄,矿体周边有露头。矿体平面形态呈圆形,直径约 24 m。由 ZK05 一个钻孔控制,见矿厚度为 11.15 m。矿石量 4 836.3 t。矿石平均品位:Al_2O_3 为 58.61%,SiO_2 为 12.58%,Fe_2O_3 为 5.07%,TiO_2 为 2.50%,S 为 0.050%,A/S 为 4.66。矿体覆盖层厚度变化于 1~2 m。矿体顶板高程变化于 393~395 m,底板变化于 381.5~395 m。

Ⅵ号矿体:位于前庄村东方向 150 m 处,为一个洼斗状矿体。矿体裸露地表。矿体平面形态呈不规则圆形,直径约 34 m。由 ZK06 一个钻孔控制,见矿厚度 11.97 m。矿石量 10 102.4 t。矿石平均品位:Al_2O_3 为 60.14%,SiO_2 为 13.29%,Fe_2O_3 为 5.26%,TiO_2 为 2.32%,S 为 0.140%,A/S 平均为 4.53。矿体覆盖层厚度变化于 0~1.5 m。矿体顶板高程变化于 410~412.5 m,底板变化于 395~412.5 m。

11.6.5　矿石质量

矿石中的矿物成分主要是一水硬铝石,含量 70%~95%,为矿区矿石主要的含铝矿物,其次是高岭石、水云母等黏土矿物及铁质。

矿石自然类型主要为豆鲕状铝土矿、致密块状铝土矿,其次有砂岩状铝土矿和土状铝土矿、蜂窝状铝土矿。其中豆鲕状、致密块状铝土矿为最常见的铝土矿类型,几乎所有探矿工程均可见到,多分布于矿体的上部,砂岩状铝土矿、土状铝土矿、蜂窝状铝土矿品位较高,多分布于豆鲕状铝土矿下面,较为少见。矿石结构主要有致密状、豆鲕状和土状结构,另有极少量矿石呈碎屑状结构。矿石构造简单,均为块状构造、层状构造。

11.6.6　矿石的化学成分及其变化特征

矿石的主要化学成分为 Al_2O_3、SiO_2、Fe_2O_3、TiO_2 等。Al_2O_3 为主要有益组分,SiO_2 为主

要有害组分。Al_2O_3含量40.40%～77.92%，平均60.98%，变化较小，变化系数16%，SiO_2含量1.76%～26.40%，平均12.44%，变化系数54%；Fe_2O_3含量0.45%～32.70%，平均6.93%，变化系数97%；TiO_2含量0.30%～4.45%，平均2.44%，变化系数21%；S含量0.01%～2.190%，平均0.065%，变化系数216%；LOSS变化于9.74%～26.06%，平均13.27%，变化系数14%。A/S变化于2.1～29.5，平均4.9，变化系数为87%。矿区铝土矿Al_2O_3和A/S一般较高，质量较佳，但Fe_2O_3含量也普遍较高，矿石属中铁低硫中铝硅比矿石。根据矿石品级标准，矿区矿石平均品级为Ⅴ级。据统计分析，Al_2O_3和SiO_2存在着负相关关系，在剖面上，矿体中部Al_2O_3和A/S高，而SiO_2较低，上、下部则相反。Fe_2O_3一般底部高，中、上部低。TiO_2变化不大。平面上，矿体厚度与Al_2O_3和A/S呈正相关，与SiO_2呈负相关。即在透镜状矿体中心厚大部位，Al_2O_3和A/S较高，SiO_2则较低，边部矿体变薄甚至尖灭部位，Al_2O_3和A/S较低，SiO_2则较高。

11.6.7 矿石类型及品级

按矿石成分划分矿石类型，矿区铝土矿属一水硬铝石型。

按矿石结构构造划分矿石类型，可分为致密状、豆鲕状、土状和碎屑状四类。

致密状铝土矿：灰、青灰色，断口较光滑，致密坚硬。主要由粒状、鳞片状的一水硬铝石组成，高岭石含量相对较高，矿石质量一般较差。该类矿石多赋存于矿层的上部。

豆鲕状铝土矿：灰、黄褐色，以鲕粒为主，豆粒较少，豆鲕粒呈圆形、椭圆形，粒度1～4.5 mm，成分主要为一水硬铝石，中心一般为水云母，少量为高岭石或石英碎屑。该类矿石一般赋存于矿层的中部，在铝土矿体中最为普遍，是最常见的铝土矿矿石类型。

土状铝土矿：灰、灰白色或黄褐色。表面粗糙，发育许多孔洞，结构疏松，手捻易碎，品位极高，是矿区主要矿石类型。该类矿石一般见于洼斗状矿体的中下部。

碎屑状铝土矿：灰或黄褐色，由一水硬铝石构成的铝土矿碎屑组成，大小不一，形态各异，以碎屑物为主，砾屑少见。为次要矿石类型。

按矿石化学成分分，矿石属中铁低硫型铝土矿。

根据矿石品级标准，矿区矿石平均品级属Ⅴ级。

11.6.8 矿体围岩及夹石情况

矿区铝土矿矿体底板为铁质黏土岩，顶板为硬质黏土矿或黏土岩。铝土矿可出现于本溪组的任何部位，矿体和顶底板Al_2O_3含量变化呈渐变关系，与顶、底板的区分仅取决于化学成分之差异。顶板Fe_2O_3含量较低（<10%），而Al_2O_3含量一般高于30%，甚至达40%～50%，只是因为SiO_2高，A/S达不到铝土矿工业指标要求，才不划入铝土矿。底板一般为铁质黏土岩，Al_2O_3含量30%～47%。矿区矿体厚度变化较大，根据8个见矿工程统计，矿体厚度为8.64 m(ZK04)～12.95 m(ZK02)，变化系数140%，矿体形态为简单的洼斗状，多数矿体无夹石，仅在1号铝土矿矿体中发现有一层夹层，夹石厚度1.55～1.85 m，夹石的主要岩性为黏土岩，和铝土矿呈渐变关系，夹石的Al_2O_3达矿石要求，但因A/S较低而列入夹石。全区见矿工程顶、底板岩石化学成分统计结果见表11-1。

表 11-1　铝土矿矿体顶、底板岩石化学成分统计结果

位置	岩石名称	工程个数	分析结果(%)					
			Al$_2$O$_3$	SiO$_2$	Fe$_2$O$_3$	TiO$_2$	S	LOSS
顶板	黏土岩、炭质页岩	8	38.31	33.20	5.50	1.77	0.10	13.72
底板	铁质黏土岩	8	42.31	29.72	15.31	1.66	1.34	12.47

11.6.9　矿床成因及控矿因素

石炭系铝土矿床形成的古地理环境为古陆与浅海之间的准平原上的湖盆,矿区铝土矿床的形成和奥陶系碳酸盐古风化侵蚀面及晚石炭的海侵作用关系密切。自上寒武系—中奥陶系以后,整个华北地台上升为陆地,当时的气候比较湿热,湿热的气候促成了植物的繁茂生长,风化作用尤其是化学风化作用强烈,古陆地上高地的铝硅酸盐地层及碳酸盐岩地层在强烈的物理、化学风化作用下,形成高岭石、蒙脱石、水云母等矿物,这些矿物进一步风化,特别是在湿热条件下经有机酸、碳酸的作用,形成高岭石及铝凝胶物质,古陆上碳酸盐岩地层在湿热环境下岩溶化发育岩溶洼地、谷地、溶斗等古地形,形成沼泽—湖泊环境,接受高地风化形成的铁、铝、黏土的沉积,这些物质发生进一步的沉积分异、物理化学变化,从而形成含铝土矿、黏土矿、铁矿的沉积物。晚石炭世,矿区地壳开始做小幅度、高频率的升降运动,海水反复进退,早期形成的成矿物质在岸流、波浪、潮汐的作用下形成大小不等砾屑、砂屑等,经短距离搬运或原地堆积胶结形成砾屑状、砂状、豆鲕状铝土矿。二叠纪,成矿物质被二叠系沉积物覆盖压实、脱水成岩。矿区铝土矿多分布于古地形的低洼部位,而相对较高部位含矿岩系薄,矿体少见或品位较低。与铝土矿形成的古地理环境关系密切。

成矿后,受地壳构造运动的影响,矿层上升至地表浅部,在地表酸性水的作用下,铝土矿脱硅、去硫,富含高岭石的豆鲕被风化分解,矿石中的其他易溶物质进一步流失,形成蜂窝状及针孔状孔洞,部分孔洞被铝土矿充填,形成高品位铝土矿。矿层向深部延伸到潜水面以下时,淋滤作用减弱,矿石呈致密块状构造。

在二叠系地层形成后,第四系黄土沉积前,坡池矿段相对隆起处于风化剥蚀状态,石炭系被剥蚀殆尽,仅有溶蚀洼坑中的本溪组地层部分较好地保留了下来,形成了现在的洼斗状矿体。第四系黄土沉积以后,区域发生差异升降运动,矿区现代地貌形成,矿体上升到较高的部位,经风化剥蚀至地表,成为今天所见地表矿体。

矿床受奥陶系碳酸盐古风化侵蚀面控制并和成矿期后的保存条件密切相关。铝土矿矿层赋存在寒武系、奥陶系碳酸盐岩古风化侵蚀面上的晚石炭本溪组内,含矿建造为稳定的古陆壳区的铝土铁质建造,古岩溶盆地为铝土矿的形成、赋存场所,一般在面积较大的岩溶盆地内形成厚度稳定、品位中等的大型矿床,面积较小的溶洼和溶斗中常形成品位较富、厚度大的小型矿床,在古地形较高处很少形成铝土矿,一般仅有黏土矿沉积。含矿系厚度、矿体厚度、矿石品位在一般情况下呈正相关关系,富矿体常位于含矿剖面的中下部,普通铝土矿、黏土矿主要产于矿层的上部。

下冶矿区坡池段铝土矿体受如下因素的控制：

(1)地形。铝土矿形成于古地形低洼部位，由于矿区在铝土矿形成后，地壳运动以水平升降运动为主，含矿岩系厚度相对较小，受地形影响明显，含矿岩系上覆盖层厚度较小且大部被剥蚀，因此矿区现代地形和古地形有明显的继承关系。矿区地形对于矿区铝土矿体有明显的控制作用，地势较低的现代规模较大沟谷的边缘和规模较小的沟谷的中心部位，含矿岩系厚度较大，往往形成较为连续的、规模较大的洼斗状矿体和层状矿体，而地势较高位置含矿岩系厚度小、矿质差，仅出现少量的孤立洼斗状矿体。

(2)古断裂(裂隙)构造。断裂(裂隙)构造使地层破碎，容易风化剥(溶)蚀。对铝土矿来讲，沿断裂(裂隙)构造发育古岩溶洼斗，控制铝土矿的形成。矿区铝土矿形成后，构造活动较弱，主要表现为矿区两边王爷庙断裂及逢石河断裂的相对升降运动，矿区内部目前未发现断裂错断矿体、含矿岩系的现象。由于奥陶系灰岩厚度大且岩性差异不明显，因此断裂较难区分。但是矿区奥陶系灰岩中的残留铝土矿体有一定的方向性，呈串珠状；在部分厚度较大的铝土矿体深部，钻探发现有岩溶空洞；说明这些断裂在成矿期前就开始活动并持续到成矿期后，对区内铝土矿的形成及保存、剥蚀有明显的影响。

11.7 虎村铝土矿区

矿区位于沁阳市北部靠近河南省、山西省边界，位于西万镇北西4 km处。行政上主要属常平乡管辖，部分归西万镇管辖。矿区坐标范围是：东经112°53′00″~112°56′00″，北纬35°12′19″~35°13′45″。矿区由中国铝业投资勘探，为小型矿床。

矿区位于中朝古板块南部，太行山和华北平原的结合部位，华北平原济源—开封凹陷北缘，中条、太行隆起南侧。成矿区带属焦作—济源铝土矿成矿区。区域构造格架呈近东西向、北东东向，在矿区以东为北东东向，向西转为近东西向。

矿区发育近东西向的高角度断层，呈大致平行排列的阶梯式出现，规模大、延伸远，特征明显，对地形地貌影响较大，其中规模较大有甘泉断裂、簸箕掌断裂和煤窑庄断裂。这些断裂走向近于平行、倾向相对，中间构成地堑构造。地堑外出露奥陶系灰岩及少量石炭系，石炭系、二叠系分布于地堑中。石炭—二叠系分布区东西长约5 km，南北宽400~1 500 m，变形轻微，未见明显褶皱，倾向南165°~185°，倾角10°左右。断裂对铝土矿体起着保存和破坏的双重作用，含矿岩系在地堑中为二叠系覆盖，埋藏较深、保存完整，在地堑外则呈残留孤岛状出露于地势较高位置，呈明显的剥蚀残留状态。含矿岩系厚度变化较大，最厚21.65 m，最薄0.21 m，平均厚度7~8 m。矿区圈定铝土矿体17个，煤窑庄矿段矿体为似层状，虎村、西万矿段矿体基本上呈透镜状、洼斗状。矿层最大厚度为14.42 m，平均7~8 m。其中规模较大的有M4、H2矿体。

M4矿体：位于煤窑庄—甘泉沟之间。最大长度700 m，控制最大斜深218 m，属小型规模。产状平均171°∠12°，一般165°~174°∠10°~14°。形态呈似层状，总体向南东侧伏。矿体厚度1.95~4.10 m，平均厚度3.10 m，厚度变化系数26%。Al_2O_3品位45.71%~58.83%，平均53.88%，变化系数9%；A/S变化于2.6~3.7，平均3.0。矿体(333)+(334)资源储量为78.9万t。H2矿体：为深部隐伏矿体。矿体最大长度100 m，控制最大斜深约 300 m,属小型规模。矿体产状平均 171°∠12°。形态呈洼斗状,总体向南侧伏。厚度 5.00 ~ 13.42 m,平均厚度 9.21 m,变化系数 65%。Al_2O_3 品位 55.96% ~ 65.15%,平均 62.66%,变化系数 11%;A/S 为 2.7 ~ 6.9,平均 5.1。单矿体(334)资源储量 62.3 万 t。

11.8　郭沟铝土矿区

郭沟铝土矿区位于洛阳市伊川县,属半坡乡管辖,矿区范围西起鲁沟以西,东到和庄、白窑,矿区北侧为煤矿区,矿区登记范围为煤矿登记区的残留地带,矿区总体上呈近东西向的长条状,长约 8 km,宽 200 ~ 1 400 m,面积 8.63 km²,矿区地理坐标为:东经 112°39′02″ ~ 112°45′11″,北纬 34°19′21″ ~ 34°20′56″。矿区由洛阳香江万基铝业有限公司进行勘探,为小型矿床。

矿区大地构造上位于中朝古板块南部嵩箕隆起之箕山背斜北翼,成矿区带属嵩箕铝土矿成矿区鳌头—西白坪矿带的西段。矿区地层呈倾向北、走向近东西向的单斜状产出,倾角 15° ~ 20°。矿区出露的地层从老到新有寒武系上统、石炭系、二叠系下统。沟谷之中有第四系冲积层出现。

矿区共圈定铝土矿矿体 10 个,主要分布于鲁沟—老君堂—小郭沟一带,总体上呈南西西—北东东向展布。其中 I、III、IV 号矿体规模较大,其主要地质特征如下:

I 号矿体:位于大郭沟南部,南侧山坡地表有露头,地表连续有采坑出现,规模较大。矿体平面形态不规则,大致为西宽东窄的长方形,东西长约 450 m,南北宽约 200 m。见矿钻孔有 ZK17288、ZK17081、ZK18681 等,地表对 CK17079、CK17879、CK18081 等民采坑进行了清理、采样,原普查工作施工有 TC03、TC11、TC12、TC13 等地表工程。估算(333) + (334)矿石量 117.6 万 t。单工程矿体厚度 0.80 ~ 12.85 m,平均 5.00 m。矿石平均品位,Al_2O_3 为 55.32%,SiO_2 为 11.91%,Fe_2O_3 为 14.35%,TiO_2 为 2.48%,S 为 0.029%。A/S 平均为 4.7。

III 号矿体:位于老君堂村东侧,地表被第四系黄土覆盖,为隐伏矿体,推测应为洼斗状矿体。矿体平面形态,大致为不规则块状,南北长约 200 m,东西宽约 100 m,南北向展布。见矿钻孔有 ZK136101、ZK13697。估算(333) + (334)矿石量 21.9 万 t。单工程矿体厚度 2 ~ 8.99 m,平均为 5.50 m。矿石平均品位,Al_2O_3 为 52.29%,SiO_2 为 15.15%,Fe_2O_3 为 10.93%,TiO_2 为 2.73%,S 为 0.320%。A/S 平均为 3.5。

IV 号矿体:位于老君堂村南部间,地表被第四系黄土覆盖,地表沟谷中有露头。矿体平面形态大致为不规则四边形,东西长约 500 m,南北宽约 150 m。矿体由 ZK9691、ZK9687 钻孔控制,并对附近民采坑 CK10887、CK11485、CK10879 进行了采样分析。矿石量 85.8 万 t。单工程矿体厚度 1.00 ~ 12.38 m,平均 5.20 m。矿石平均品位,Al_2O_3 为 53.64%,SiO_2 为 12.25%,Fe_2O_3 为 15.20%,TiO_2 为 2.90%,S 为 0.092%。A/S 平均为 4.4。

11.9　大营铝土矿区

大营铝土矿区位于平顶山市宝丰县西部及石龙区,行政隶属宝丰县大营镇、张八桥镇和石龙区管辖。矿区面积约 31.32 km²。地理坐标为：东经 112°51′13″ ~ 112°59′10″，北纬 33°52′50″ ~ 33°57′00″。矿区由河南省有色金属地质勘查总院利用河南省两权价款进行勘探，为中小型矿床。两端抬起，向北偏东倾伏，长宽均为 15 km 左右。制约着区内地层和沉积矿产的分布。向两翼依次从新到老出露白垩系下统大营组（K_1d）、二叠系下统山西组（P_1s）- 石炭系上统太原组（C_2t），石炭系上统本溪组（C_2b），下古生界寒武系崮山组（$\in_3g$），中元古界蓟县系汝阳群云梦山组（Jxy），太古宇太华群（$Arth$）。矿区附近有韩庄、马道、大庄等煤矿。

2006 ~ 2007 年，矿区施工 10 个钻孔，其中有 2 个钻孔见铝土矿，另外 1 个钻孔见本溪组含矿岩系，3 个钻孔揭露至含矿层底板寒武系，4 个钻孔达设计孔深后，在白垩系火山岩中终孔，最深达 484.51 m。矿区估算铝土矿（334）资源量 756.7 万 t，A/S 为 3.2。从矿石质量来看，单工程 Al_2O_3 含量最高为 63.72%，A/S 最高为 3.6，铝土矿有害组分 Fe_2O_3 平均含量为 2.56%，S 平均含量为 1.73%。ZK145320 孔见矿深度 352.50 ~ 354.30 m。

11.10　西张庄矿区

西张庄矿区位于焦作市西北 13 km，属焦作市龙洞乡所辖。地理坐标为：东经 113°05′30″ ~ 113°06′52″，北纬 35°14′54″ ~ 35°15′41″。

11.10.1　矿床特征

含矿岩系分上下两个岩性段。下段由铁质黏土岩、褐（赤）铁矿化黏土岩、黄铁矿化黏土岩、薄层砂岩组成。局部见 1 ~ 2 层黏土矿（下矿层）。该段有 3 层铁矿。上段为本区主要含矿层位。由硬质黏土矿、铁矾土、少量软质和高铝黏土矿（上矿层）、铁质黏土岩、含铁黏土岩以及砂岩组成。该段顶部常有炭质页岩和煤线（见图 11-1、图 11-2）。

含矿岩系在横向或纵向上其厚度变化均较大。变化的幅度受奥陶系古地形的控制。最厚 45.22 m，最薄 4.37 m，平均 16.94 m。全区含矿岩系西部厚、东部薄。北部以 ZK61 孔、南部以 ZK101 孔为中心厚度明显增大。黏土矿的厚度和含矿岩系的厚度为正相关关系。

11.10.2　矿体（层）形态、产状及规模

赋存本溪组中的黏土矿分上、下两个矿层，下矿层位于含矿岩系的下段，规模小，分布零星，工业意义不大。下矿层为小透镜状矿体，与地层产状一致，倾向 120° ~ 150°，倾角 10°，长 100 m，宽 100 m，厚 1.65 m，以高铝黏土矿为主。上矿层位于含矿岩系的上段，是主矿层。其中以上矿体规模最大。呈层状或似层状，层位稳定，厚度变化不大。倾向 120° ~ 150°，倾角 5° ~ 10°，一般为 8°。长约 2 000 m，平均宽 500 ~ 700 m，面积 0.98 km²。矿体西部厚，向东逐渐变薄，东西两端均有分叉，在南端边缘亦有分叉，北端和中部厚度较大。该矿最大厚度 12.43 m，最薄 0.64 m，平均 3.16 m，以硬质黏土矿为主，高铝黏土矿零星见及。在该矿体的下部尚分布有上$_{I-1}$、上$_{I-2}$、上$_{I-3}$三个透镜状矿体，长 350 ~ 700 m，宽 112 ~ 200 m，平均厚 1.32 ~ 3.51 m。矿体倾向 120° ~ 150°，倾角 5° ~ 12°。以硬质黏土矿为主，少量高铝黏土矿和软质黏土矿。该矿体上部零星分布 3 个透镜状和鸡窝状小矿体，规模小，价值不大，以软质黏土为主。

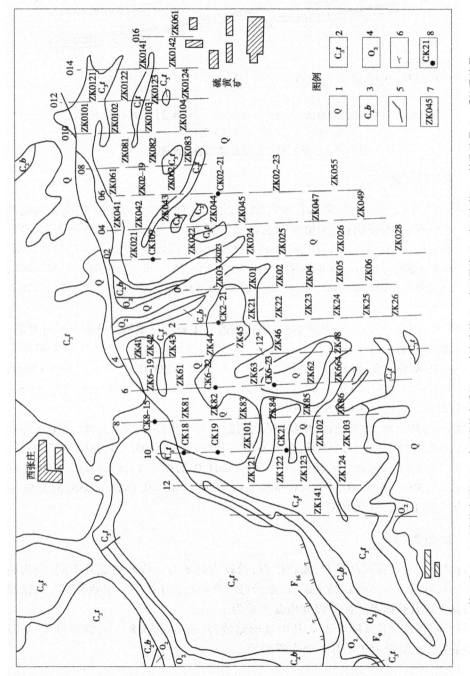

图 11-1　焦作市西张庄黏土矿区地质平面图

1—第四系；2—上石炭统太原组；3—中石炭统本溪组；4—中奥陶统；5—岩石界线；6—岩石产状；7—钻孔编号；8—采坑及编号

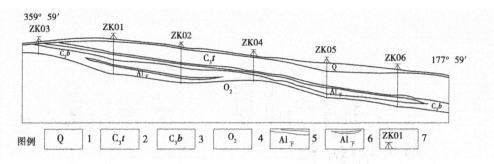

图例 | Q | 1 | C_3t | 2 | C_3b | 3 | O_2 | 4 | Al下 | 5 | Al下 | 6 | ZK01 | 7

1—第四系;2—上石炭统太原组;3—中石炭统本溪组;4—中奥陶统;5—黏土矿上矿层;
6—黏土矿下矿层;7—钻孔及编号

图 11-2　西张庄黏土矿第 0 勘探线剖面图

11.10.3　矿石质量

高铝黏土矿:深灰—灰色,泥质显微鳞片结构,鲕状定向构造。主要矿物成分为高岭石、铁泥质、叶蜡石、一水硬铝石、少量地开石以及绿泥石、石英。微量矿物有锆石、电气石、黄铁矿、绢云母。化学成分:Al_2O_3,43.86% ~ 65.16%;TiO_2,0.09% ~ 2.70%;Fe_2O_3,0.50% ~ 2.95%;CaO,0.10% ~ 0.84%;MgO,0.09% ~ 0.70%;SiO_2,19.04% ~ 44.40%;K_2O,0.1% ~ 0.28%;Na_2O,0.05% ~ 0.13%;LOSS,10.62% ~ 25.37%。耐火度:1 770 ~ 1 830 ℃。

硬质黏土矿:深灰—浅灰色,泥质结构、块状构造。主要由显微鳞片状隐晶质叶蜡石、高岭石和泥质组成,有少量水云母及金红石、石英、铁质等。化学成分:Al_2O_3,28.47% ~ 49.56%;TiO_2,0.80% ~ 3.44%;Fe_2O_3,0.38% ~ 3.05%;CaO,0.05% ~ 1.37%;MgO,0.07% ~ 1.18%;SiO_2,34.74% ~ 49.10%;K_2O,0 ~ 1.29%;Na_2O,0 ~ 0.50%,LOSS,7.95% ~ 15.23%。耐火度 1 635 ~ 1 800 ℃。

软质黏土矿:灰白色,泥质结构,块状、层状构造。主要由隐晶质水云母,显微鳞片状高岭石组成,微量矿物有白云母、铁质、金红石等。化学成分:Al_2O_3,23.73% ~ 37.25%;TiO_2,1.30% ~ 1.82%;Fe_2O_3,0.66% ~ 1.73%;CaO,0.21% ~ 1.21%;MgO,0.16% ~ 0.31%;SiO_2,66.30%;K_2O,0.30% ~ 0.40%;Na_2O,0.11% ~ 0.18%;LOSS,5.55% ~ 14.29%。耐火度 1 640 ~ 1 758 ℃。

11.10.4　矿石类型

矿石自然类型有致密块状矿石,鲕状矿石,松软土状矿石。按矿物成分不同,分为高岭石黏土矿石、叶蜡石—高岭石黏土矿石、水云母—高岭石黏土矿石。工业类型有高铝黏土矿、硬质黏土矿及软质黏土矿。以硬质黏土矿为主。

II 区段探明资源储量 444.8 万 t,其中基础储量(经济的)355.8 万 t,资源量 89.0 万t。III 区段探明资源储量 750.6 万 t,全为资源量。

11.11　上刘庄矿区

上刘庄矿区位于焦作市东北 18 km,属焦作市安阳城乡管辖,地理坐标为:东经 113°

20′00″～113°30′00″,北纬35°15′00″～35°20′00″。焦作市上刘庄耐火黏土矿区地质图见图11-3,焦作市上刘庄耐火黏土矿区第46勘探线剖面图(见图11-4)。

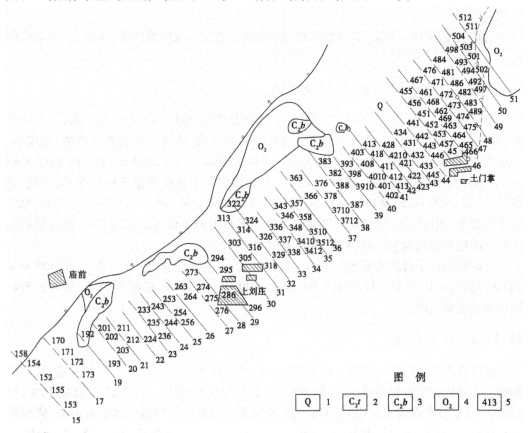

1—第四系;2—上石炭统太原组;3—中石炭统本溪组;4—中奥陶统;5—钻孔编号

图 11-3　焦作市上刘庄耐火黏土矿区地质图

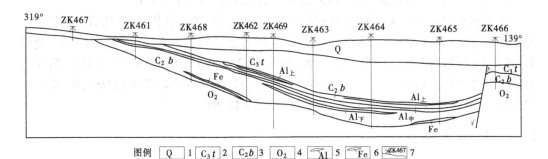

1—第四系;2—上石炭统太原组;3—中石炭统本溪组;4—中奥陶统;5—黏土矿;6—铁矿;7—钻孔及编号

图 11-4　焦作市上刘庄耐火黏土矿区第46勘探线剖面图

11.11.1　矿床特征

含矿岩系分为上、下两段。

下段底部鸡窝状铁矿和铁质黏土岩,中部铁质黏土岩、砂岩,夹透镜体黏土矿(下矿层),上部黏土矿(中矿层);上段铁质黏土岩、黏土质页岩、炭质页岩夹透镜状黏土矿(上矿层)。

含矿岩系厚15~30 m,其厚度严格受古地形控制,古地形低凹处,厚度大;古地形隆起处,厚度小。

11.11.2 矿体(层)形态、产状及规模

黏土矿分上、中、下三个矿层。上、下矿层分布零星,规模小。中矿层分布广,连续性好,厚度大,是主要矿层。上矿层赋存于含矿岩系之上段,由9个小透镜体组成,规模小,一般为70 m×70 m。最大的一个沿走向长500 m,延深100 m,厚0.5~1.5 m,最厚3.88 m。矿石类型为软质黏土矿、硬质黏土矿。中矿层赋存于含矿岩系下段顶部,呈层状,连续性好,长1 900 m,延深150~400 m,最大厚度14.39 m,最小厚度0.85 m。沿走向,厚度呈波状起伏,东厚西薄;沿倾向一般北薄南厚。矿石类型主要为软质黏土矿,次为硬质黏土矿。矿层产状与围岩一致,倾向140°,倾角8°~12°。

下矿层赋存于含矿岩系下段中部。呈小透镜状,共8个矿体,规模小,一般100 m×100 m。最大的长390 m,延深60~300 m,一般厚0.5~1.5 m,最厚5.23 m,矿石类型有硬质和软质黏土矿。

11.11.3 矿石质量

硬质黏土矿:浅灰—灰黑色,泥质结构,部分为细粒结构、鲕状结构,块状构造、微层状构造。主要矿物成分为高岭石,含量90%,呈隐晶泥状堆积体,次为水铝石,含量10%,呈显微状、柱状混杂在黏土矿物间,少量铁质及炭质。鲕粒由高岭石及水铝石组成,微量矿物有榍石、金红石、锆石、电气石、石英、白云母、黄铁矿。化学成分:Al_2O_3,28.64%~44.41%;TiO_2,0.75%~3.72%;Fe_2O_3,0.38%~2.62%;CaO,0.04%~0.31%;SiO_2,29.12%~54.68%;LOSS,8.86%~15.22%。耐火度1 730~1 770 ℃。

软质黏土矿:白色、灰白色,泥质结构、显微鳞片结构,微层状构造,风化后成土状。主要矿物成分为高岭石,少量叶蜡石、水云母,呈鳞片状。偶见电气石、石英、白云母、金红石、磷灰石、绿帘石。化学成分:Al_2O_3,28.55%~42.22%;TiO_2,1.18%~2.31%;Fe_2O_3,0.53%~2.45%,CaO,0.05%~1.01%;SiO_2,37.72%~54.78%;LOSS,8.57%~14.62%。耐火度:1 710~1 770 ℃,可塑性:3.23~13.69。

11.11.4 矿石类型

矿石自然类型:按矿石结构、构造分为致密块状、豆鲕状、薄层状或松软土状。按矿物成分分为水铝石—高岭石型黏土、叶蜡石—水云母型黏土、水云母—高岭石型黏土。矿石工业类型有软质黏土矿、硬质黏土矿。以软质黏土矿为主,硬质黏土矿次之。

探明资源储量786.0万t,其中基础储量(经济的)470.7万t,资源量315.3万t。

第12章 河南省西北地区铝土矿成矿地质特征

12.1 河南省西北地区铝土矿特征

河南省西北地区铝土矿与国外红土型具有明显的不同,与国外岩溶型铝土矿相比有部分相似之处,又有明显的区别:首先,是河南省西北地区铝土矿成矿时代较老,为中石炭世,国外红土型铝土矿形成时代一般为新生界,地中海型岩溶型铝土矿形成时代从二叠纪到中新世都有,但是主要形成于晚白垩世;其次,主要的矿石矿物不同,河南省西北地区为一水硬铝石,国外红土型铝土矿及岩溶型铝土矿主要矿石矿物为三水铝石,其次为软水铝石,一水硬铝石极为少见;再次,矿石颜色不同,河南省西北地区铝土矿矿石呈不同程度的灰色,国外红土型铝土矿主要呈红色,岩溶型铝土矿呈红色、粉红、紫色(55%以上),只有极少数上覆沼泽相沉积岩的地区上覆1~2 m,呈还原色(巴多西,1990)。国外红土型铝土矿和河南省西北地区铝土矿差别较大,除上述差别外,还有以下差别:

(1)国外红土型铝土矿主要产出于地表,河南省西北地区铝土矿深埋地下。

(2)红土型铝土矿地形相对较高处铝土矿厚度较大、品位较高,河南省西北地区铝土矿一般产出于岩溶地貌低洼处。

(3)红土型铝土矿含矿岩系从上到下显示出明显的由底板岩石风化形成铝土矿的分带,底部为黏土带,中间为铝土矿带,顶部一般为铁质层;河南省西北地区铝土矿含矿岩系底部为铁质黏土岩,中间为铝土矿,上部为黏土岩。

(4)红土型铝土矿的主要结构为结核状,河南省西北地区红土型铝土矿有碎屑状、豆鲕状、砂状、蜂窝状等。

地中海型岩溶型铝土矿与河南省西北地区铝土矿相比,有如下相似之处:

(1)矿体形态受岩溶地貌的控制,主要呈层状、透镜状、洼斗状等。

(2)高品位矿石出现于含矿岩系中部,向上下相变为低品位的铝土质黏土岩、黏土岩。

(3)矿石品位和矿体厚度呈正比变化关系。

(4)结构构造出现豆鲕状、碎屑状等结构等。

但是主要矿石矿物及矿石的颜色与河南省西北地区铝土矿有明显的区别,地中海型岩溶型铝土矿主要矿石矿物为三水铝石,矿石主要呈红、粉红、紫等色,河南省西北地区铝土矿主要矿石矿物为一水硬铝石,矿石主要颜色为灰色。

河南省西北地区铝土矿赋存于石炭系本溪组,受寒武—奥陶系古风化面的岩溶地貌的控制。矿体厚度、品位和本溪组厚度呈正比例变化关系,在岩溶洼地中铝土矿厚度大,品位高;在洼斗外铝土矿厚度变小、品位降低。矿体平面上分布具有局限性,一般矿区面含矿系数为5%~10%。矿体形态有层状、透镜状、洼斗状等,洼斗状矿体为典型矿体形态,层状矿体和透镜状矿体往往由多个洼斗状矿体连接而成。部分洼斗不含矿。

　　河南省西北地区铝土矿主要矿石矿物为一水硬铝石,主要的矿石结构有碎屑状、豆鲕状、蜂窝状、砂状及土状,蜂窝状铝土矿及砂状铝土矿出现于厚度较大的洼斗状矿体的底部,碎屑状及豆鲕状矿石出现于矿体上部,分布范围较大。化学成分上,铝土矿 Al_2O_3 和 SiO_2、Fe_2O_3 呈明显的负相关,和 TiO_2 呈明显正相关,而不含矿洼斗,Al_2O_3 和 SiO_2 呈明显的正相关。

　　与国外红土型铝土矿、地中海型岩溶型铝土矿相比,河南省西北地区铝土矿具有形成时代较老,主要矿石矿物为一水硬铝石,矿石一般呈灰色,矿石高硅、高铝、低铁等特征。

12.2　分布特征

　　河南省西北地区铝土矿广泛分布于河南省的中西部,西起三门峡、渑池,东止禹州、鲁山一带,总体上呈 NW—SE 向。它具有两个明显的特点:一是紧紧围绕着古陆并分布于外侧;二是呈带状分布,其带状延长方向与矿床下伏的寒武—奥陶系沉积岩及赋矿岩系石炭系展布方向一致(见图 12-1)。

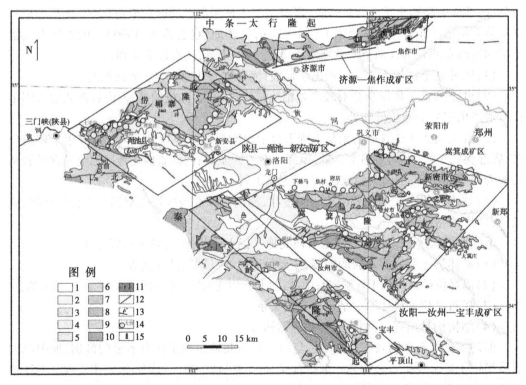

1—第四系;2—第三系;3—白垩系;4—侏罗系;5—三叠系;6—二叠系;7—石炭系;8—寒武—奥陶系;9—元古宇;10—太古宇;11—燕山期花岗岩;12—断裂构造;13—地层产状;14—铝土矿床(点);15—黏土矿床(点)

图 12-1　河南省西北地区铝土矿分布图

12.3 含矿岩性特征

河南省西北地区铝土矿赋存在中石炭统本溪组的一套铁铝质沉积岩中,为一套铁铝质沉积建造,厚度为 0.3~68.3 m 不等,一般为 10~20 m,平均厚度为 11 m。通过对成矿区含矿岩系对比,自下而上可划分为 2 段 5 层(见表 12-1)。这 5 层岩性在化学成分上有以下显著区别:

表 12-1 河南省西北地区含矿岩系柱状图

地层	代号	厚度(m)	剖面	岩性	沉积相标志	沉积环境
上石炭统太原组	C_3t			底部为透镜状含燧石结核灰岩,丰产蜓科、腕足类、海百合茎等海生化石		浅海相
中石炭统本溪组	C_2b	0.8~2		粉砂质黏土岩、黏土质页岩,局部夹炭质页岩,薄煤层。北、西部地区有石英,富含鳞木化石	煤层(线)、植物碎片、龟裂纹	滨湖(海流)—沼泽亚相
		0.5~0.8		灰黑色硬质黏土矿,性坚、脆	有机质含量高,立生根化石	
		0.5~12		铝土矿层:似层状、透镜状、溶斗状,常夹黏土矿,偶见有植物化石	鲕状、豆状、砾屑状构造 水平微层理、厚层状构造	浅湖亚相 深湖亚相
		1~8.0		铁质黏土岩:呈灰白、灰绿、黄褐、紫红色,上部常为黏土矿,底部为蛋青色水云母黏土岩	鲕状、波状层理、菱铁矿鲕绿泥石	浅湖
中或下上寒陶武统	O_2——ϵ_3			顶面为古风化壳 中奥陶统为深灰色灰岩,丰产化石,上寒武统为灰白色白云灰岩及白云岩		沉积间断,浅海相或封闭湖相

(1)各化学成分含量在 $C_2b_1^1$ 中有峰值并出现明显的拐点,$w(SiO_2)$ 高于 $w(Al_2O_3)$,铝硅比 <1。

(2)在 $C_2b_1^2$ 中,$w(Fe_2O_3)$ 较高,$w(SiO_2)$ 和 $w(Al_2O_3)$ 两条曲线靠拢,铝硅比 ≈1。

(3)在 $C_2b_1^3$ 中,$w(Fe_2O_3)$ 很低,$w(SiO_2)$ 和 $w(Al_2O_3)$ 两条曲线逐渐分开,铝硅比值逐渐增大。

(4)在 $C_2b_1^4$ 中,$w(Al_2O_3)$ 有峰值,$w(SiO_2)$ 降低,铝硅比高,$w(TiO_2)$ 较高,$w(Fe_2O_3)$ 降低。

(5)在 $C_2b_1^4$ 中,$w(Al_2O_3)$ 和 $w(SiO_2)$ 两条曲线又逐渐靠拢,$w(TiO_2)$ 降低,$w(Fe_2O_3)$ 升高,铝土矿位于该岩系的中上部。

含矿岩系在河南省西北地区的不同地段其发育程度有明显的差别。如在禹州成矿区段内,见有 3 层铝土矿,下段上部和上段中部各有一层铝土矿,下段底部有一层高铁铝土矿;在嵩箕小区内,含矿岩系沉积厚度和铝土矿层数受基底岩溶地形形态控制,其段内溶斗特别发育,有的溶斗为单一铝土矿层,有的溶斗从顶到底有 5~7 层铝土矿充填,还有的溶斗很少或没有铝土矿;在基底准平原化程度较高地段,赋矿岩系厚度稳定,呈层状、似层状,平均厚度小,如新安石寺—狂口段;在基底地形起伏变化大的地段,含矿岩系厚度变化也较大;沿倾斜方向上,靠近古陆的边缘(浅部),基底形态变化大,含矿岩系厚度随之变化大;远离古陆的边缘(深部),基底地形变得平缓,含矿岩系厚度小,产出平缓。

12.4　矿床(体)形态、产状、规模及品位

河南省西北地区铝土矿产状一般呈平缓的(8°~20°)单倾形式产出,均向古陆的外侧方向倾斜。矿体的形态、产状、规模与沉积成矿时的基底地形关系密切,当基底地形处于平坦地段时,矿体呈似层状;当基底地形处于凸凹不平地段时,矿体则多呈不规则透镜状或囊状。大型矿床(体)多以似层状产出,厚度为 1~3 m,单个矿体长度大于 1 000 m以上,有时往往达数千米,厚度薄而稳定,矿石大多较贫,Al_2O_3 含量变化小;中—小型矿床(体)大多呈透镜体或不规则透镜体,厚度为 1~10 m,单矿体长度为 100 m 至数百米,矿石品位变化较明显;小型矿床矿体多呈囊状,厚度变化剧烈,矿体中心部位厚度多在 10 m以上,常见 10~30 m,最厚处达 60 m,矿体边缘有迅速变薄、尖灭的趋势,在矿囊中心出现富矿,品位很高。研究表明,矿石品位(硅铝比)与矿层厚度呈正相关,矿床(体)的品位与矿层、富矿层、含矿岩系三者的厚度也具有明显的正相关关系。

12.5　矿石特征

河南省西北地区铝土矿中主要的矿物为一水硬铝石,占45.6%~95%不等,次要矿物为高岭石、水云母、叶蜡石、褐铁矿等。有时还有绿泥石、蒙脱石。微量矿物有石英、方解石、赤铁矿、黄铁矿、菱铁矿、钠长石、三水软铝石、一水软铝石、电气石、水针铁矿等。经过对河南省西北地区主要铝土矿化学成分统计,结果表明,其矿石的主要成分为 Al_2O_3、SiO_2、Fe_2O_3、TiO_2 等,其中 $w(Al_2O_3)$ 一般在 45%~80%,平均为 65%;$w(SiO_2)$ 在 1%~25% 不等,平均为 11.5%;$w(Fe_2O_3)$、$w(TiO_2)$ 分别在 1%~20% 和 1%~4.5%。此外,$w(CaO)$ 为 0.42%,$w(MgO)$ 为 0.26%,$w(K_2O)$ 为 1.07%,$w(Na_2O)$ 为 0.1%;$w(S)$ 为 0.16%。河南省西北地区铝土矿具高铝、高硅、低铁的特征,矿石中伴生的稀有元素组分锂、镓的含量高,$w(LiO_2)$ 在 0.056%~0.169%,平均为 0.106%;$w(Ga)$ 在 0.004%~0.015%,平均为 0.01%,锂、镓含量达综合利用要求,有害组分硫、磷的含量(0.12%)一般低于工业要求。矿石结构为泥质—碎屑结构,常见为鲕状结构、泥微晶结构、砂状结构、砂砾屑结构,次为交代结构。其中以砂状结构的铝土矿矿石质量最好。矿石构造以块状为主,次为多孔状和蜂窝状。依据矿物组合及其分布特征,可将矿床中的矿石划分为高岭石型硬水铝石矿石、水云母型硬水铝石矿石、叶蜡石型硬水铝石矿石这三种工业类型。

12.6　次生富集作用

河南省西北地区铝土矿的次生富集作用主要表现如下:

(1)在化学成分上,SiO_2 随深度增加而增加,Al_2O_3 随深度增加而降低。

(2)矿石在地表为浅色,多呈灰白或灰黄色,结构多为蜂窝状、多孔状、砂状、疏松易碎;深部颜色深,多呈灰色,结构致密。

(3)在矿物成分上,地表有较多的多水高岭石、褐铁矿,裂隙中还常见一水硬铝石、细

鳞片状勃姆铝石和六角片状三水铝石;深部见黄铁矿、菱铁矿和绿泥石等。

(4)浅部随着 Al_2O_3 含量的增高,易溶物质的流失,矿石体重减小,结构变得疏松。

12.7　找矿标志

(1)地层标志:铝土矿广泛分布于寒武—奥陶系的长期风化侵蚀面之上的中石炭统本溪组中。

(2)沉积环境标志:河南省西北地区本溪组形成于浅海相、滨海相、滨海沼泽相三种沉积环境中,滨海—沼泽相主要分布在三门峡—郑州—平顶山之间,滨海相分布在济源一带。

(3)古地理标志:铝土矿常环绕高地和古陆边缘一定范围内分布,特别是古陆边缘近海平原上的滨海沼泽凹地和海湾潟湖相的封闭—半封闭环境,是寻找铝土矿的最佳位置。

(4)古岩溶标志:勘探工作表明,富铝土矿几乎都与古岩溶相关,产于岩溶凹斗内。一般凹斗大者成大矿,小者成小矿,无者为贫矿,所以寻找奥陶纪地层古风化面上的岩溶凹斗,是寻找富铝土矿的一个重要途径。

(5)侵蚀间断:侵蚀间断是形成铝土矿的一个重要条件和找矿标志。

(6)地球化学标志:铝土矿区 Al、Ga、Li、Ti 元素含量较高,这些元素的组合异常区是寻找铝土矿的重要标志之一。

(7)地球物理标志:利用磁法测量可确定古风面的位置,利用激发极化法可以圈出铝土矿(化)体的大致位置及第四系埋藏深度。

12.8　找矿前景

河南省铝土矿主要分布在三门峡—郑州—平顶山之间的三角地带,面积约 1.8 万 km^2,加上河南省北焦作—济源一带的耐火黏土矿,总面积约为 3 万 km^2。截至 2013 年底,河南省西北地区已发现大—中型铝土矿 60 余处,小型矿床(点)百余处,查明资源量 4.5 亿 t,保有储量 3.86 亿 t,查明经济储量数亿吨,富铝资源居全国第一位。根据分布在三门峡—郑州—平顶山三角地带埋深小于 300 m 的铝土矿的分布面积有 4 800 km^2,预测河南省西北地区铝土矿资源总量有 13.52 亿 t,由此可见,在河南省西北地区寻找铝土矿床前景广阔。

第13章 河南省西北地区石炭纪铝土矿成矿系统

成矿系统是指在一定的地质时空域中控制矿床的形成、变化和保存的全部地质因素与作用、动力过程以及所形成的矿床系列、矿化异常系列构成的整体,它是具有成矿功能的一个自然系统(翟裕生,1999,2004)。成矿系统是岩石圈系统乃至整个地球系统的一个组成部分,是地质作用和地球化学作用促使化学元素分异富集到高峰的产物(翟裕生,2000)。

河南省西北地区铝土矿石炭纪成矿系统,是地球系统所有圈层即岩石圈、水圈、大气圈和生物圈全部参与并均具有极为重要意义的成矿系统,地球系统的各个圈层作为一个相互独立、相互联系的整体促使铝元素分异富集达到高峰而形成铝土矿床,铝土矿形成后经过后期的覆盖、构造运动、剥蚀而出露于现今的位置。

铝土矿成矿系统具有自己的特色:首先,它是一个地表风化系统,地球系统所有圈层均明显地参加了成矿作用,并具有重要意义,控制成矿的因素全面而复杂;其次,它是一个其他物质带出的系统,该成矿系统中其他物质如钾、钠、钙、镁等物质基本被带出殆尽,铁、硅也被大量带出,而地表环境下相对较为稳定的铝质残留下来而成为铝土矿。

13.1 控制成矿的因素

铝土矿成矿系统是位于地表的成矿系统,地球系统各个圈层(岩石圈、水圈、大气圈、生物圈)对其均有明显的影响。风化、沉积、构造、流体、生物、气候、大气、地貌等在铝土矿形成过程中均有重要作用。

13.1.1 沉积作用

华北地区寒武—奥陶系晚石炭世的风化剥蚀面是铝土矿成矿的主要场所,碳酸盐岩经过风化作用为铝土矿成矿提供了主要物质来源。铝土矿形成过程中,地表风化物质随水流带入岩溶洼地洼斗的沉积作用,是铝土矿成矿物质搬运堆积的主要方式。铝土矿形成后,晚石炭世太原期的海侵及沉积作用形成灰岩、砂岩、黏土岩,覆盖于铝土矿之上,使得铝土矿免遭剥蚀,得到了很好的保护。石炭纪,华北及邻近地区有火山活动:天山—兴安地层区石炭系出现大量火山岩,太原西山七里沟太原组剖面底部的晋祠砂岩段出现沉积凝灰岩(王增吉等,1990)。在河北开滦,本溪组底部出现厚度达数十厘米的火山成因的沉凝灰岩(钟蓉等,1996)。本溪组沉积前后,华北及邻近地区有火山活动,随风飘散并沉积于陆地表面的火山灰为铝土矿成矿物质的来源之一。

13.1.2 风化作用

铝土矿的形成过程是地表化学风化条件下,地质作用导致地表岩石中包括二氧化硅在内的其他元素流失的过程。铝土矿的主要成分是水铝石、赤铁矿、二氧化硅、二氧化钛等地表风化环境下最为稳定的物质,是化学风化作用进行到最后阶段的产物。"当风化作用进行到最后阶段——铝铁土阶段—红土型风化作用阶段,铝硅酸盐矿物被彻底分解,全部可移动元素都被带走,主要剩下铁和铝的氧化物及一部分二氧化硅"(刘宝珺,1980),而形成铝土矿。

现代红土型铝土矿主要分布在南北纬 30° 范围内的南美、西非、东南亚、印度、澳大利亚等地的热带雨林地区。高温、多雨的气候条件使得化学风化作用极为强烈,有利于铝土矿成矿。

华北地区缺失晚奥陶统—早石炭统,说明中奥陶世以后直到早石炭世长达 140 Ma 的时间内,华北地区处于隆起状态,经历了风化、剥蚀作用,地表堆积了大量的风化物质,铝得到了初步的富集。

石炭纪,随生物进化,植物登陆并在陆地广泛分布,地球岩石圈运动使得河南省西北地区恰好位于赤道附近的热带多雨气候环境中。植物登陆及热带雨林环境,使得河南省西北地区发育强烈的化学风化作用,像我国贵州、广西现代碳酸盐岩地区一样(朱立军,2004),地表的碳酸盐岩发生红土型风化作用,形成富含硅质、铁质、铝质的红土型风化壳,铝质得到了富集,为铝土矿的形成提供了物质来源。

13.1.3 地貌

风化作用明显受到地貌条件的控制。"强烈切割的陡峻高山地形由于物理风化作用而不利于风化壳和风化矿床的形成,平原洼地水流不畅,也不利于风化矿床的形成。高差不大的山区丘陵地形对风化矿床形成最为有利,它能保证降水渗透到潜水面并由侵蚀基准造成有利的排水条件使之发生积极的化学风化作用","只有当造山运动经长期侵蚀达到较平缓的地貌或准平原化条件时才能形成规模巨大的风化矿床"(朱上庆,1979)。对于铝土矿来说,地形高差较大的山区由于机械风化作用明显,使得地势较高处的地质体剥蚀速度较快,地表风化层在未形成铝土矿前被剥蚀殆尽,而地势较低的地方风化物质未形成铝土矿前又被埋到深处,从而不利于红土化及铝土矿成矿作用的进行。地形条件控制了一个地区的水文地质条件,潜水面的变化、排泄条件、大气降水的下渗作用均与地形条件密切相关,从而影响与铝土矿成矿相关的化学风化作用的进行。

红土型铝土矿一般产出于高原台地、圆丘、长形单面山、山岭斜坡、平坦海岸准平原和沉积平地、平坦准平原上的小型洼地等地貌环境下。高原台地是铝土矿成矿最为重要的地貌形态,印度、几内亚、喀麦隆、巴西、圭亚那、澳大利亚、越南、老挝等地的铝土矿产于该地貌环境条件下。这些台地一般是地质历史时期古夷平面的残留,古夷平面首先是一个地表风化面,为铁质、硅质、铝质等风化物质富集的有利场所;其次,古夷平面地形高差较小,机械风化作用较弱,有利于化学风化的长期持续进行。

石炭纪本溪组铝土矿形成时,华北地区地层产状近似水平,经长期的风化剥蚀,总体地貌特征为地势平坦的碳酸盐岩夷平面状态,为铝土矿形成的有利地貌。

地貌对岩溶作用也有重要影响。地势平缓的地貌,地表径流流速缓慢,渗透量大,有利于岩溶发育,岩溶洼地是河南省西北地区铝土矿赋存的主要场所。

13.1.4　构造作用

构造作用对铝土矿的形成、保存、剥蚀具有重要的影响。现代红土型铝土矿主要发生在水平构造运动较弱,经过长期剥蚀风化的稳定地台区,而构造运动强烈的造山带则少有红土型铝土矿形成。构造运动弱,有利于保持地形高差较小的准平原地貌形态,有利于铝土矿化作用的发育。

华北地区上石炭统和早古生界呈假整合接触关系(甄丙钱,1985;王翠芝,2007;韩俊民,2007),说明奥陶系形成以后,华北地区受构造运动的影响较小,一直到晚石炭纪海侵以前,仍然保持近似水平的状态。铝土矿形成时,构造运动以小规模的垂直升降运动为主,未发生大规模的水平运动。

铝土矿上覆厚度巨大的晚石炭统、二叠系、早中三叠统,与晚石炭统呈整合接触关系。说明铝土矿形成后,华北地区构造运动以持续的整体下降为主,未发生大规模水平运动,使得铝土矿形成后被覆盖,保存较为完好。

构造运动带来的石炭纪海侵活动,使得华北地区被水淹没,结束了有利于铝土矿形成的陆地状态。

岩石圈的构造运动使得河南省西北地区从南半球向北移动,在本溪组形成时,处于有利铝土矿成矿的热带雨林地区。古地磁资料研究表明,早古生代中朝古板块从古纬度南纬 20.2° 移动到南纬 12.9° 地区,早古生代末期处于南纬地区(万天丰,2003,2006)。石炭纪铝土矿形成时处于北纬 10° 左右(赵运发,柴东浩,2002)。岩石圈的构造运动,是河南省西北地区铝土矿出露定位的主要控制因素。河南省西北地区铝土矿形成后被深埋地下,晚三叠世,河南省西北地区发生了强烈的水平构造运动,本溪组卷入褶皱,在背斜区被抬升到较高的位置。新生代的断陷运动及剥蚀,使得本溪组出露于隆起周围,形成铝土矿围绕隆起区分布的特征。

13.1.5　水文地质作用

铝土矿形成于特定的水文地质条件下。充足的大气降水和良好的排泄条件是铝土矿形成的重要条件。铝土矿化主要发生在潜水面以上,地平面以下、地下水面以上,水体在重力作用下向下渗流,溶解、淋滤地表物质,带走其中包括硅、铁在内的其他元素,有利于铝土矿的形成;在地下水面以下,水体停滞,流动性变弱,铝土矿形成所需的淋滤作用停止。"矿床只有位于地下水位以上时才能发生淋滤和排泄,位于地下水位之下的矿床,岩石饱含停滞或流动非常缓慢的地下水,铝土化作用大大减弱或完全停止。很难想象铝土矿化作用会发生在海洋或潟湖里,因为铝土矿化需要强烈的渗流"(巴多西,1994)。红土型铝土矿主要发育于热带雨林地区,如非洲几内亚,亚洲的越南、老挝,南美洲委内瑞拉、巴西、苏里南,这与热带雨林充足的大气降水有关。大气降水为矿物质不饱和水,因此能够溶解大量的矿物质,带走风化层中稳定性差的矿物质。良好的排泄条件,使风化壳中可移动的矿物质被持续带出,地表环境中最为稳定的铁、铝的氧化物被残留下来而成为铝土矿。干旱缺水地区,缺少大气降水,被水淹没的地区,水体缺少流动性,都不利于成矿物质中可以移动元素的溶解、淋滤、带出,不利于铝土矿的形成。

现代红土型铝土矿矿体主要产出于地势相对较高的山丘顶部,如南美洲委内瑞拉 The Los Pijiguaos 铝土矿、苏里南 The moengo Ricanau Jones 矿区、坦桑尼亚 Usambara mountains 矿区等。委内瑞拉 The Los Pijiguaos 铝土矿的研究表明,在一个矿山范围内,有一个总体的趋势是最好品位的矿石和最大厚度的矿体总是位于地形上的高地;老挝占巴色省巴松县铝土矿也存在同样的规律性,相对地势较高的丘陵顶部铝土矿厚度大、品位高,向两侧沟谷铝土矿厚度变小,品位变低(Josep m. Soler, Antonio C. Lasaga,2000)。"红土化发生在广阔的准平原地面上;而随后的富集形成铝土矿则发生在该准平原的切割期","在最大的台地上只发育了很薄的铝土矿,而且铝土矿的脱硅还远未完成。大多数铝土矿很厚而且氧化硅含量较低的矿床都是在被强烈切割的台地上发现的"(巴多西,1994),这与山顶部位、准平原切割所形成的良好的排泄条件有关。

地表水流的冲刷作用也是许多矿体变薄乃至消失的重要原因。

石炭纪,华北整体上处于赤道附近热带雨林地区,降雨量较高,在大气降水的作用下,碳酸盐岩发生红土化作用,铝质富集,为铝土矿提供成矿物质。华北地区呈现为略高于海平面的碳酸盐岩夷平面状态,发育岩溶地貌。岩溶洼地发育发达的岩溶集水、排水系统,导致成矿物质聚集和铝土矿形成,是铝土矿形成最为重要的因素。河南省西北地区铝土矿富矿体主要出现于岩溶洼斗中、品位和厚度呈正比例变化关系等特征,与岩溶洼斗为成矿物质、大气降水的优先集聚之地,水体流动性较强,密切相关。

13.1.6　气候

相比其他因素,气候是铝土矿形成最为重要的因素。铝土矿形成所需的其他条件,如地形条件、母岩、发育的植被等,地球上的多数地区大都具备,而现代铝土矿主要形成于热带雨林地区,这是由热带雨林气候决定的。

高温多雨的气候是铝土矿形成的重要条件,高温使得化学风化的速度加快,而强烈的大气降水,使得化学风化形成的其他元素的化合物被持续带走,高温多雨适合形成铝土矿的化学风化作用的进行。

热带雨林气候是其他地质作用在铝土矿形成过程发挥作用的基础,低硅的母岩、适宜的地形、沉积作用、风化作用、水文地质条件、生物作用、岩溶作用只是在气候的基础上才参与铝土矿的形成。

古地磁资料研究表明,华北铝土矿形成时处于北纬 10°附近的热带地区。

13.1.7　氧化—还原条件及大气的作用

氧化环境有利于铁的氧化而发生沉淀,还原环境有利于铁的迁移(南京大学地质系,1979)。铝土矿主要化学成分有铝、硅、铁、钛等,氧化还原环境通过对铁沉淀和迁移的影响对铝土矿成矿过程产生作用。

在氧化环境下,铁氧化形成氧化物,铁的氧化物活性较差,铁有地表富集的趋势。

大多数的红土型铝土矿,除地表土壤带外,剖面的最上面为铁质带,铁富集于氧化作用最强的上部,而铝由于在氧化环境中移动性相对比铁强,富集于铁质带的下部,形成与铁的分离。

还原环境下,铁容易迁移,而水铝石等铝的氧化物活动性相对较差,而残留下来。澳大利亚米切尔高原、苏里南海岸带的局部沼泽地区由于富含腐殖质的水淋滤渗透,红土型铝土矿中的铁发生强烈的淋失(巴多西,1990),与腐殖质水引起的局部还原环境有关。老挝铝土矿铁质层表现出明显的铁质富集,铝土矿矿石 Al_2O_3 和 TiO_2 呈反比例变化关系,从铁矿—铝土矿—高品位铝土矿,钛率表现出明显的升高,由于 TiO_2 风化条件下较为稳定,因此这种规律性变化说明地表氧化环境使得铁质形成氧化物而在地表沉淀、富集,铝质活动性相对较强,向下迁移,在铝质带中富集而与铁分离,而 TiO_2 活动性差,残留下来,铝质相对迁移在铝质带富集而导致铝土矿富集成矿,形成铝土矿矿石 Al_2O_3 与 TiO_2 呈反比例变化关系。

河南省西北地区铝土矿低铁、主要颜色呈灰色、Al_2O_3 与 TiO_2 呈正比例变化关系的特征说明其形成于腐殖质富集形成的还原环境,Al_2O_3 的富集是因为还原条件下硅、铁被淋滤带出,从而表现出与性质稳定的 TiO_2 呈正比例变化关系。

石炭纪植物在陆地上大规模出现,大气圈成分发生了明显的改变。作为植物光合作用的结果,大气中二氧化碳明显减少,而氧的含量明显增加。有关研究表明,早古生代地球大气中二氧化碳远高于现代大气,晚石炭世才接近现代大气(E. Came,2005,汪品先,2002);氧含量从中泥盆纪起上升,至早二叠纪止,其间在石炭纪含量最高。这一期间与显生宙时全球铝土矿的首次大范围生成正好吻合(巴多西,1994)。氧化环境有利于铝土矿形成,大气中氧的增加,使得大气圈、岩石圈中的硫化物、有机物等氧化,形成酸性的地表水及地下水,有利于岩石化学风化作用的进行,有利于红土中硅及其他元素的溶解带出。氧化作用导致铁和铝的分离,从而在石炭纪全球铝土矿首次大规模出现。

高含氧的大气圈的出现是河南省西北地区铝土矿形成的重要因素之一。河南省西北地区铝土矿矿区普遍出露铁质黏土页岩,常常呈红色、红褐色、黄色等,深部钻孔红褐色的铁质黏土岩也广泛出现,说明河南省西北地区铝土矿形成时氧化作用的强烈和普遍。

13.1.8 海洋的作用

晚石炭世以海侵为特征,海侵对铝土矿的形成有明显的控制作用。河南省西北地区太原组以含海相灰岩为特征,主要岩性有海相灰岩、砂岩、黏土岩等,是典型海进序列沉积物。河南省西北地区石炭纪海侵来自于东北方向。海侵通过降雨、矿区水文地质条件的变化影响铝土矿的成矿作用。海侵直接的表现为海面的扩大,间接的表现为陆地大气降水的增加、地下水面的上涨等。

海侵是逐步发生的,海侵的早期——陆地被淹没之前,地下水面抬升、降雨增加。降雨的增加对于铝土矿的形成是有利的,地下水基准面抬升,使得岩溶洼地洼斗中的排泄系统因地下水面抬升而逐渐减弱,从而在铝土矿层上出现硅含量较高的低品位铝土矿及黏土页岩等。

随海侵发展,地下水淹没地面,地表因富水,植物生长旺盛,植物残体堆积于水中,发育沼泽。岩溶洼斗中,岩溶水集聚排泄系统完全停止,铝土矿含矿岩系上部普遍出现的碳质页岩、煤层,是海平面上升、陆地沼泽化的结果。

最后,海侵形成陆表浅海,海水淹没矿区,结束了矿区的铝土矿成矿系统。

海侵带来了铝土矿上覆太原组的沉积,对铝土矿保存具有重要意义。

地中海附近的岩溶型铝土矿上覆海进层序地层。

13.1.9 生物作用

现代铝土矿主要形成于热带雨林地区,与热带雨林地区生物的作用是分不开的,生物对铝土矿形成的作用表现在如下几个方面:

(1)形成和保存土壤。生命活动对地表土壤层的形成与保存有重要的影响,植物的根和土壤细菌及其分泌物能够破坏母岩的原生矿物,是地表风化层土壤形成的主要力量;植物能够减少大气降水、地表水对地表土壤层的直接冲刷,保护土壤层。即使在陡坡上,茂密的植被也能保护铝土矿床免遭侵蚀(巴多西,1994)。

(2)改变地表、地下水体的性质和循环。植被能够阻止地表水的强烈蒸发,增加空气的湿度和降水,植物及其落叶形成的腐殖层能够吸收大量的水分,能够截流地表径流、阻滞地表水的流动,加强地表水的下渗作用,使得水圈向更有利化学风化的方向发展。生命活动释放的二氧化碳是地下水中二氧化碳的主要来源,生物的分泌物及分解物对水体的化学性质有明显的影响。

(3)改变微观环境的性质。植物的作用能够保持大气湿度和温度,植物光合作用产生大量的氧气,改变大气中氧的含量。林下土壤湿度的保持,有利于化学风化作用。

(4)影响风化作用的时间和方式。地表植被及落叶层的保护使得地表土壤剥蚀速度变慢,茂密的植被能够阻滞地表土层的移动,机械剥蚀变弱,保护地表风化物质;也阻止外来物质的加入,有利于化学风化的进行,植物及落叶形成腐殖酸是化学风化作用的重要介质。

(5)直接参与成矿作用。植物为生长需要,吸收相对较多的硅质,相当于风化层的去硅作用。植物的根系、腐殖质产生的局部的还原环境,导致铁的流失,澳大利亚米切尔高原、苏里南海岸带的局部沼泽地区由于富含腐殖质的水淋滤渗透,铝土矿中的铁发生强烈的淋失(巴多西,1990)。

石炭纪是地球上铝土矿首次大规模出现的历史时期,同时又是地球陆地上首次出现大规模森林的地质历史时期,是地史上第一次大规模的成煤期(王鸿祯,1980)。大气中较高的 CO_2 含量、较高的温度、平坦的地形,使得植物生长茂盛。铝土矿的形成与植物具有密切的时间关系。

河南省西北地区铝土矿和煤、碳质页岩具有密切的空间关系。陕县王古洞、渑池雷沟、曹窑煤矿深部、沁阳市虎村、济源下冶的本溪组上段碳质页岩广泛出现,部分钻孔出现质量较好的煤层。曹窑矿区有 14 个钻孔本溪组上段出现厚度较大煤层,最厚达 7.65 m,ZK22263 钻孔中铝土矿夹 1.55 m 厚的煤夹层,ZK34255 钻孔出现黑色碳质铝土矿,见植物茎、叶化石,Al_2O_3 含量高者达 61.52%,A/S 为 6.4。

渑池县雷沟矿区的 DZK0905、ZK3206、ZK4307、ZK4504 等多个钻孔出现铝土矿和煤层、碳质页岩交替出现的情况,其中 ZK4504 铝土矿体中煤层厚度达 4 m。宝丰大营矿区铝土矿上部出现煤层。伊川郭沟矿区铝土矿层位下出现含植物化石的碳质黏土岩(陈旺,2006)。府店矿区钻孔铝土矿的颜色呈黑色。虎村矿区本溪组上段碳质页岩中普遍含有薄层煤。植物活动和河南省西北地区铝土矿的成矿关系密切。

植物光合作用最重要的后果是大气中游离氧的大量增加,从而使岩石、水体、大气中的硫化物、有机物等氧化,形成无机酸及腐殖酸;另外植物及其落叶形成的腐殖物能够产生大量的游离 CO_2,细菌的生命活动也产生游离 CO_2,导致水体酸性增加,有利于岩石中钾、钠等金属及铁质、硅质的溶解带出,有利于铝土矿的富集成矿。高道德在研究贵州铝土矿时注意到:富铝、低硅、低铁的铝土矿一般隐伏在沼泽相沉积之下,而高铁铝土矿上覆沉积物不是沼泽相。并通过有机酸淋滤试验,验证了有机酸溶液可以去铁、富铝(高道德,1996)。河南省西北地区铝土矿具有低铁、Al_2O_3 和 TiO_2 含量呈正相关、主要颜色为不同程度的灰色的特征,显示出植物及腐殖质引起的还原环境对河南省西北地区铝土矿去铁、去硅起了重要的作用。生物活动对岩溶的形成具有重要作用,生命活动产生的土壤层中游离 CO_2 及有机酸、植被覆盖能够增加空气湿度和降水,能够截留径流,减弱地表径流流速,加强下渗作用等都促使岩溶的发育(任美锷,1983)。岩溶作用形成的洼地、洼斗是河南省西北地区铝土矿赋存的主要场所。有关学者也注意到了植物对铝土矿形成的影响。"我国华北铝土矿大都形成于晚古生代,当时正是古大陆最早出现陆生生物的时代(特别是植物),植物及其衍生的有机质在温热的气候带和稳定古陆背景条件下,大大加强了表生化学风化作用及岩溶喀斯特,形成厚度巨大的 Al_2O_3 风化壳和喀斯特再沉积碎屑状、鲕豆状铝土矿及山西式铁矿"(孟祥化、葛铭,2002)。

植物与土壤的形成、富含氧气的大气的形成、岩溶作用有密切的关系,植物加速了化学风化作用,减缓了机械风化作用,有利于铝土矿形成,生命活动及腐殖质通过岩溶洼斗中水体,直接参与了铝土矿的富集和成矿。

石炭纪,植物在陆地上的大规模分布和河南省西北地区石炭纪铝土矿形成时间上的密切关系不是偶然的。

13.1.10　岩溶作用

河南省西北地区铝土矿形成于寒武—奥陶系碳酸盐岩的古风化剥蚀面上,该风化剥蚀面上岩溶地貌发育。河南省西北地区古岩溶地貌主要有岩溶漏斗、落水洞、岩溶洼地等,规模较大的岩溶盆地、岩溶槽谷较为少见。河南省西北地区岩溶漏斗,深度较大的达100 m 左右,为较为强烈的岩溶地貌。岩溶洼斗、洼地往往与深部的地下河相连接,形成岩溶地貌排水系统。在下冶等地的铝土矿勘探中,岩溶洼斗底部往往有溶洞发育,规模较大者,高度可达 10 m 以上。

河南省西北地区铝土矿赋存于岩溶地貌的洼地洼斗中,铝土矿的厚度、品位与岩溶洼地洼斗的深度有明显的关系,在地势平坦的洼地中,铝土矿厚度小,走向及倾向延伸大,矿体呈层状、似层状,矿床规模较大;在地势高差较大的岩溶洼斗中,矿体厚度大、品位高,但水平方向延伸有限,矿体呈洼斗状,矿体规模小;在地势较高处,本溪组含矿岩系厚度薄,甚至消失,一般无铝土矿出现。岩溶地貌对铝土矿的成矿具有极为重要的意义。

本书提出河南省西北地区铝土矿的岩溶洼地洼斗成矿富集模式,认为岩溶洼地洼斗是铝土矿的成矿富集的主要场所。石炭纪时间长达 70 Ma,晚石炭世约 35 Ma,铝土矿的形成涉及本溪组前后数千万年的时间,以上各种作用也发生着变化。海侵作用从小到大,最鼎盛时候覆盖整个大陆,形成陆表海;植物由弱到强,在海侵前极度繁盛,被海侵消灭;太原组底部砂砾岩、晋祠砂岩段出现沉积凝灰岩揭示中朝古板块北缘可能发生过剧烈的板块作用,曾经出现了高大山系和火山活动,华北北部从平坦的古夷平面到相对隆起,火山作用从强到弱,又从弱到强。

13.2 成矿要素

13.2.1 成矿物质

河南省西北地区成矿物质主要来源于寒武—奥陶系碳酸盐岩。寒武—奥陶系碳酸盐岩为河南省西北地区铝土矿提供成矿物质大致可以分为三个阶段:

(1)晚奥陶世—早石炭世的地表风化作用,形成黏土、铁质等地表风化物质,铝质、硅质、铁质得到了明显的富集。

(2)本溪期的红土型风化作用,红土物质进一步富集。本溪期,河南省西北地区处于热带雨林环境,地表发生强烈的化学风化作用,广泛形成高铁、高硅、高铝的红土型风化壳,为河南省西北地区铝土矿提供了主要物质来源。

(3)在岩溶洼地洼斗中,由于大气降水的长期持续淋滤,红土物质进一步去铁、去硅而形成铝土矿。

成矿物质来源是成矿系统的重要问题,也只有在综合考虑成矿系统各个方面作用的基础上,成矿物质来源问题才能够得到合理的解决。

(1)铝土矿成矿系统是一个化学风化作用进行到最终阶段的系统,外来物质的大量加入,无疑将阻滞风化活动的进行,使得地表风化作用不能达到铝土矿形成的最终阶段。现代红土型铝土矿一般分布于地势相对较高的部位,外来物质相对较少。准平原状态有利于铝土矿的形成,原因在于其地势高差不大,机械风化作用弱,异地机械风化物质不至于汇入铝土矿化过程。华北铝土矿形成于长期风化剥蚀作用后的、地势平缓的碳酸盐岩古夷平面地貌状态下,缺乏外来物质加入的地形和动力条件。

(2)铝土矿作为化学风化作用接近极端的产物,长距离的移动无疑会破坏这种极端状态,而导致品位下降或消失。巴多西(1994)认为铝土矿主要出现于第四系、第三系的主要原因在于:在此以前的铝土矿由于剥蚀而消失了。目前未发现长距离迁移异地形成的铝土矿床。

(3)从河南省西北地区地球系统演化史来说,河南省西北地区石炭系和下伏寒武系、奥陶系呈假整合接触关系,说明晚奥陶世到晚石炭世构造运动规模不大,河南省西北地区铝土矿形成时寒武系、奥陶系仍呈近似水平的原始沉积状态,地表为碳酸盐岩覆盖。河南省西北地区本溪组缺少砂岩等陆源沉积岩,说明富含石英等成分的古老变质岩、火成岩未大规模出露地表,为铝土矿提供物质来源的可能性不大。

（4）河南省西北地区石炭系本溪组底板无一例外为寒武—奥陶系碳酸盐岩，河南省西北地区隆起区主要隆起于三叠纪以后，也说明铝土矿形成时古地表为碳酸盐岩覆盖；否则，应能够观察到铝土矿形成于其他岩石之上的现象。

考虑到以上因素，河南省西北地区石炭纪铝土矿形成时地表为碳酸盐岩覆盖，主要成矿物质应来源于寒武—奥陶系灰岩。碳酸盐岩铝质含量较低，但经过长期风化作用，为铝土矿提供成矿物质还是可能的。

王英华（1988）对河南禹州无梁灵山张夏组灰岩分析结果表明，Al_2O_3含量 0.69% ~ 2.15%，Fe_2O_3含量 0.54% ~ 1.56%，SiO_2含量 2.69% ~ 7.63%。在本溪组沉积前长达 140 Ma 的风化过程中，这些物质通过风化积聚，可以形成高铁、高铝、高硅的地表风化物质。本溪组铁质黏土岩 Al_2O_3含量变化于 29.15% ~ 31.86%，按照 Al_2O_3 的含量，厚度 15 ~ 50 m 的张夏组灰岩经风化可形成厚度约 1 m 的本溪组铁质黏土岩。

中国广西、贵州的碳酸盐岩分布地区，地表广泛分布现代碳酸盐岩风化壳。

朱立军、李景阳等对其进行了较为系统的研究。风化层厚度一般为 8 ~ 10 m，最厚 20 ~ 30 m。剖面上从上到下可以分为表土层、全风化层、半风化层、基岩四个层位。其中表土层接近地表，为现代土壤厚度 1 m 左右。全风化层为风化壳主体，可以进一步分为红色黏土层和黄色黏土层，上部的红色黏土层厚度一般 3 ~ 5 m。SiO_2 是红色风化壳主要的化学成分，含量 23% ~ 68%，Al_2O_3 含量 12% ~ 37%，Fe_2O_3 含量 3.3% ~ 12%，部分地段 Fe_2O_3 含量 48%。其特征矿物组合为：高岭石—针铁矿（赤铁矿）—三水铝石。碳酸盐岩风化成土作用对于铁、铝的富集是明显的，含量在垂向上表现为呈逐渐增加的变化趋势。灰岩中的 CaO 和 MgO 在红色风化壳，几乎淋失殆尽（朱立军、李景阳等，2000，2002，2004）。朱立军、李景阳等认为碳酸盐岩红色风化壳的形成是由碳酸盐岩经历三个主要的阶段形成的：富硅铝脱钙阶段、富铁锰阶段和富铝脱硅阶段。现代碳酸盐岩经风化形成富含铝质的风化壳证明河南省西北地区铝土矿铝质来源于寒武—奥陶系灰岩是可能的。

河南省西北地区本溪组底部广泛出现的铁质黏土岩，主要呈红色、红褐色、黄等色调，是红土型风化壳的表现。本次研究，在济源下冶矿区 Ⅷ 号矿体 ZK0859A、ZK0858、ZK0659B 等钻孔本溪组灰色调的铝土、黏土层中发现鲜艳的红色团块、斑点，即为残留的红土风化壳物质，而附近钻孔中出现厚大铝土矿体，说明铝土矿来源于红土型风化壳。

石炭纪，本溪组沉积前后，华北及邻近地区，如内蒙古、河北唐山、山西太原等地有火山活动，随风飘散的火山灰在较大范围内沉积，为铝土矿成矿物质的来源之一。石炭纪以前的漫长地质历史中，火山活动形成的火山灰在华北地区地表堆积，其风化物质亦可能为铝土矿提供物质来源。

13.2.2 成矿流体

铝土矿成矿系统主要的成矿流体为大气降水。铝土矿成矿系统是将其他物质运走，而化学性质稳定的铝的氧化物残留下来形成铝土矿的化学风化过程。大气降水，含有极少的矿物质，能够在下渗、排泄过程中，最大限度地溶解、吸收风化层中可以移动的元素，而地表环境下稳定的铁、铝等元素的氧化物残留下来形成铝土矿。现代红土型及岩溶型铝土矿主要出现于热带雨林地区，大气降水是现代红土型铝土矿成矿系统的主要成矿流体。

　　大气降水也是河南省西北地区铝土矿成矿的主要流体。石炭纪,华北整体上处于热带雨林地区,有充足的大气降水。大气降水淋滤碳酸盐岩,发育红土型风化作用,带走其中钙、镁等活泼元素,铁、铝、硅等化学性质稳定的元素残留下来,形成碳酸盐岩红土型风化壳,构成本溪组底部广泛分布的铁质黏土岩。

　　大气降水冲积、挟带地表风化物质,将其带到地势低洼的岩溶洼地洼斗。在岩溶洼地中,在植物、微生物及其遗体的作用下,大气降水成为富含碳质、腐殖酸的还原性流体,溶解洼斗中红土物质中的铁、硅等元素,并通过岩溶洼地的排泄系统将其带走,而铝进一步富集,成为铝土矿。河南省西北地区铝土矿总体上呈现灰色的色调、低铁、高硅等特征与铝土矿成矿系统流体为富含碳质的还原性流体密切相关。富含有机质的酸性的流体使得红色的、铁和硅质高的红土化物质转变为灰色为主的、低铁、低硅的铝土矿。

　　程东等(2001)对山西省16个铝土矿区26个一水硬铝石和3个勃姆石氢氧同位素组成进行了测定,测定结果表明,一水硬铝石 $\delta^{18}O$ 为 8.16‰,δD 为 -109‰;勃姆石的 $\delta^{18}O$ 为 10.4‰,δD 为 -107‰。认为它们是大气淡水条件下红土风化作用的产物。

　　石炭纪,河南省西北地区呈现出高度不大、地势平坦的碳酸盐岩古夷平面地貌,海水的升高可以淹没较大的区域。在长期的铝土矿形成的地质历史中,海水可能暂时淹没铝土矿区,为铝土矿成矿提供流体。但由于铝土矿形成需要强烈的渗流,长时间处于海水浸泡淹没的环境中,其中渗流不发育,不利于铝土矿成矿。河南省西北地区铝土矿成矿流体主要来自大气降水。

13.2.3　成矿的能量

　　铝土矿成矿系统为外生成矿系统,能量来源广泛,内生能量、外生能量都起了重要作用。宏观上岩石圈的运动使得河南省西北地区在石炭纪处于热带地区,来自岩石圈的能量决定河南省西北地区的地理位置,从而导致铝土矿成矿作用的发生。微观上,河南省西北地区铝土矿成矿能量来自风化作用,大气降水、生物作用、取决于太阳能的环境温度、风等能量对铝土矿的成矿都起了一定的作用。生物能主要表现在植物、微生物及其分泌形成的腐殖酸在岩石的风化、加强水体的溶解能力方面的作用。生物在生长过程中环境产生一定的影响,如根系的底辟作用、对岩石的破坏作用,土壤中动物的活动使得土壤疏松,有利于风化作用进行。植物相对富含硅质,对土壤有一定的去硅作用。富含腐殖酸的水体呈还原状态,有效地带走红土中的铁质。来自太阳的热量是热带地区雨林高温的重要原因,较高的环境温度是化学风化作用发生的重要能量来源,太阳的热量导致了水的蒸发和降雨等。这些能量对铝土矿的成矿均具有重要意义。

　　其中,岩溶地貌造成的、大气降水所伴随的势能、溶解能、化学能是铝土矿形成最为重要的动力来源。

　　铝土矿的成矿过程可以描述为:矿物质不饱和的大气降水在重力作用下,形成地表径流、渗流,汇集于岩溶洼地,浸泡、溶解、淋滤红土物质,通过岩溶系统排泄,带走包括硅、铁在内的其他元素,铝质残留富集成矿。

　　大气降水一部分在地表形成地表径流,另一部分下渗形成渗流。地表径流借势能冲刷、挟带地表风化物质,将其带到地势低洼的岩溶洼地堆积起来;渗流,在重力作用下渗入风化物质,沿地势向下移动,分解矿物、溶解、淋滤,带走其中的可移动元素,使得地表风化物质中的铝、硅初步富集,形成红土型风化壳。

降雨时及丰水期,矿物质不饱和的大气降水形成的地表径流、渗流在地势低洼的洼斗中集聚,在生物物质的参与下,形成富含腐殖酸的流体,浸泡、溶解风化物质中容易移动的元素,成为矿物质含量高或饱和的水体;降雨后及枯水期,岩溶洼斗中的矿物质饱和的水通过排泄系统排泄,带走红土物质中的可以移动的元素,铝的氧化物较稳定,残留下来,形成铝土矿。

13.2.4 成矿空间

铝土矿成矿发生于晚石炭世华北古陆地表。石炭纪,华北地区地表出露寒武—奥陶系碳酸盐岩,在高温多雨的热带雨林条件下形成岩溶地貌。地势低洼的岩溶洼地洼斗由于地势低洼,成为大气降水、成矿物质优先集聚的场所,发育有铝土矿富集成矿系统,成为铝土矿成矿、堆积、保存的场所。

华北碳酸盐岩古夷平面的洼地洼斗为铝土矿成矿富集、保存的有利场所,其作用表现在如下几个方面:

(1)因地势低洼而成为风化物质堆积保存的有利场所,为铝土矿的形成提供了有利的物质积聚空间。

(2)因地势低洼又成为大气降水优先汇聚之地。岩溶洼地洼斗,一般发育发达的岩溶排泄系统,大气降水在其中优先集聚并且排泄,有效地溶解、带出充填于洼斗中汇聚的地表风化物质中容易带出的元素,而地表风化条件下性质较为稳定的铝的氧化物则进一步富集。

(3)因为水和风化物质的集聚,成为植物繁盛之地,同时地表水也将其他地方的生物物质带来,而发育腐殖质,大气降水在洼斗中酸性增强,还原性增强,溶解硅、铁等矿物质的能力增强,使得红土物质进一步去硅、去铁,形成铝土矿。

(4)因地势低洼,岩溶洼斗也是铝土矿保存的理想空间。在剥蚀期,地势较高位置的成矿物质、矿体被剥蚀掉,而地势相对较低的岩溶洼地、洼斗中矿体则保存了下来。

岩溶洼地洼斗因有利的成矿物质、成矿流体集聚条件及排泄条件,形成自然条件下铝土矿的选矿富集系统,是河南省西北地区铝土矿成矿、富集和保存的主要空间。

13.2.5 成矿时间

石炭纪持续时间约 70 Ma,晚石炭世时间约 35 Ma。本溪组底板为寒武—奥陶系灰岩,顶板为石炭系太原组灰岩。整个华北地区本溪组铝土矿缺乏确定地层年代的生物化石,很多人认为是穿时的,时代从早石炭纪到二叠纪。铝土矿顶板为太原组。在河南省西北地区所有的铝土矿区太原组均有海相灰岩出现,包括紧邻秦岭隆起的汝阳蟒庄、陕县王古洞、宝丰大营,河南省西北地区成矿区最西端的陕县七里沟、紧临岱嵋寨隆起的渑池曹窑、渑池雷沟、济源下冶等矿区,石炭纪海侵到达河南省西北地区所有的铝土矿区,太原组的海相灰岩中生物化石丰富。赵锡岩等(2002)采集的紧靠铝土矿层的黏土岩、灰岩的 38

个种、属的动植物化石经中南大学古生物教研室杨昌权教授鉴定,应为晚石炭世。

本溪组底部紧靠寒武—奥陶系风化面,为铁质页岩,分布广泛,铁质含量较高,应是石炭纪及以前古地表风化的产物,由于氧化强烈,化石难以保存,时代难以确定。其中,应当含有华北地区晚奥陶世—早石炭世古地表风化物质,形成时代为晚石炭世及以前。

河南省西北地区铝土矿主要呈灰色、化学成分低铁高硅特征,说明植物导致的还原环境在铝土矿形成中具有重要意义,曹窑、雷沟等矿区铝土矿层中出现煤夹层,郭沟矿区铝土矿层下出现植物化石,说明铝土矿主要是植物在陆地广泛发育的石炭纪以后形成的。赵社生对山西铝土矿进行了 Rb – Sr 全岩同位素年龄测年及 40Ar/39/Ar 快中子定年。获得 Rb – Sr 全岩等时线 3 条,年龄值分别为(318 ± 19) Ma、(309.1 ± 10.5) Ma 及(309.5 ± 2.1) Ma;40Ar/39Ar 高温年龄为(319.9 ± 3.0) Ma ,其年代地层相当于 IUGS 全球地层表石炭系上亚系(Upper Subsystem)的巴什基尔阶(Rashkirian)(赵社生,2001)。王银喜等(2003)采用 Rb – Sr 全岩与黏土矿物等时线年龄方法测得山西五台、临县和孝义的 3 个含矿黏土岩的 Rb – Sr 同位素年龄分别为(316.9 ± 1.2) Ma、(315.5 ± 1.3) Ma、(317.3 ± 1.1) Ma。相当于晚石炭世早期。两位研究者获得的同位素年龄接近,可以相互验证,与古生物化石建议时代相近,可以认为河南省西北地区铝土矿和华北其他地区铝土矿成矿时代一致,为晚石炭世。

从河南省西北地区铝土矿和植物空间关系密切推断,铝土矿成矿不早于石炭纪。铝土矿形成是一个长期的时间过程,从华北地区由于地壳运动进入热带雨林地区开始,到陆表海淹没矿区结束。由于华北各地进入热带雨林地区是随地球运动而逐渐进行的,华北各地铝土矿成矿开始的时间不同。海侵是一个过程,从东北方向开始的海侵,到达各地的时间不同,因此各地铝土矿成矿的结束时间也不一样。太原期,只是在海侵最大的时期,海水才覆盖整个河南省西北地区。因此,在海水覆盖以前的陆地,仍然具备铝土矿成矿条件。

铝土矿形成时间为晚石炭世本溪期及太原期早阶段,主体时间应为晚石炭世早期,相当于本溪期。

第 14 章　河南省西北地区晚石炭统铝土矿矿床分布规律

14.1　研究背景

铝是世界上第二重要金属,仅次于钢铁,是产量最大的有色金属。铝土矿主要用于生产金属铝、高铝水泥、耐火材料等。随着我国经济的加速发展,对铝资源的需求快速增长。因此,深入研究铝土矿分布规律及成矿理论,充分挖掘铝矿产资源潜力,对于维护国家经济的发展具有重大意义。铝土矿可以根据基底岩性分为两大类:①喀斯特型铝土矿,该类铝土矿的基底岩石为碳酸盐岩,但是成矿与基底碳酸盐岩的喀斯特化作用没有密切关系;②红土型铝土矿,红土型铝土矿基底岩石为铝硅酸盐岩。其中 85% 的喀斯特型铝土矿处于造山带环境,只有 15% 的喀斯特型铝土矿位于板内环境。中国锡土矿 95% 以上属于喀斯特型,少部分红土型铝土矿分布在桂中和福建等地区。中国喀斯特型铝土矿分布在山西、河南、广西、贵州和云南等省区,均位于板内环境,是世界喀斯特型板内铝土矿研究中不可或缺的部分。

14.2　研究意义

我国铝土矿成矿期从古生代的泥盆纪一直延续到第四纪,其中石炭纪成矿期是我国铝土矿最重要的成矿期,规模大,主要分布于山西、河南、山东、新疆等地区,矿石质量好,是我国铝工业生产的主要矿石来源。河南省西北地区铝土矿赋存于晚石炭统本溪组含铝岩系中,产于寒武、奥陶系碳酸盐岩古喀斯特风化面上,属于喀斯特型铝土矿。

由于喀斯特型铝土矿的形成过程非常复杂,矿体的空间分布、矿床的分布规律、成矿过程、控矿要素及成矿环境等方面的研究仍然不够完善。本书拟选取典型的河南省西北地区晚石炭统铝土矿床为研究对象,基于野外观察以及大量勘查工程数据,利用多种统计分析方法,对其古喀斯特地貌特征、含矿岩系层序组成与主要组分的垂向变化、成矿物质来源、控矿因素及成矿规律等方面进行深入研究。借助矿体参数之间的空间分布和内部关系对河南省西北地区晚石炭统铝土矿床的分布特征进行进一步的研究与探讨。

第15章 河南省西北地区本溪组地质特征及铝土矿成矿区带划分

铝土矿主要分布于河南省西北地区隆起区四周,如中条山隆起区、岱嵋寨隆起区南侧东侧的陕县—新安地区,嵩山—箕山隆起区周围的嵩箕地区,汝州—宝丰地区,中条山—太行山隆起区南侧的焦作—济源地区。据此可以划分出四个成矿区,每个成矿区又划分出不同的成矿带。

(1)陕县—渑池—新安成矿区。为河南省最为重要的优质铝土矿成矿区。一般说来,矿体呈似层状、透镜状、溶斗状。厚度较稳定,多在3~8 m,局部洼斗处厚达数十米。矿体厚度越大,矿石质量越好。根据矿床构造控制因素,可划分为东、中、西三个矿带:①东矿带——新安县张窑院铝土矿带,位于新安向斜北西翼、北段村穹隆和龙潭沟断裂以东,分布有新安县张窑院、贾沟、石寺、北冶、竹园—狂口、石井等矿床;②中矿带——陕县杜家沟—新安县郁山铝土矿带,位于渑池向斜盆地北缘、北段村穹隆以南、龙潭沟断裂与扣门山断裂之间,有陕县杜家沟,渑池县黄门、曹窑、贾家洼、礼庄寨、段村、雷沟等矿床;③西矿带——陕县七里沟—渑池县焦地铝土矿带,位于陕县断陷盆地以北、北段村穹隆和扣门山断裂以西,有陕县七里沟、王古洞、支建、杨庄、涧底河、崖底、渑池县水泉洼、焦地等矿床。

(2)嵩箕成矿区。可划分为偃师—巩义—荥阳铝土矿带和登封—新密—禹州成矿带。

偃师—巩义—荥阳铝土矿带位于嵩山北侧,可分为荥阳—巩义铝土矿亚带和龙门—参店铝土矿亚带。前者上分布有巩义市圣水、申沟、凌沟、涉村、钟岭、大峪沟、竹林沟、茶店、水头、冯庄和荥阳市崔庙铝土矿区,后者上分布有偃师市西寨、焦村、管茅和夹沟铝土矿床。

登封—新密—禹州成矿带。位于嵩山南侧,依据大型构造褶皱断裂的展布情况及含矿岩系出露情况,大致可划分为9个成矿亚带:庙湾—杨树岗、玉台—岳岗、庄头—超化、鳌头—西白坪、屈沟—岳窑、方山—鸠山、磨街、神后—新峰和黄道成矿亚带。

(3)汝阳—汝州—宝丰铝土矿成矿区。根据大地构造背景、岩相古地理特征、成矿时代等划分为梁洼向斜东、梁洼向斜西、汝州北和汝州南4个成矿亚带。

(4)焦作—济源成矿区。分布于焦作以西地区,主要矿床有济源思礼,克井,沁阳常平、簸箕掌等矿床(点)。焦作以东,相应层位变化为黏土矿。

15.1 本溪组地质特征

本溪组取名于李四光等在辽宁省本溪市西6 km牛毛岭创名的本溪系,原含义是太原系下部时代属于中石炭世的"页岩和砂岩,不常含煤层,常含几层海相灰岩,到处产小的 Staffella、Neofusulina 和 Girtynia 个体"(李四光等,1926)。本溪系底部为黄色砂岩,紫色、黄绿色页岩为主夹铝土质页岩及铝土矿,有时夹薄煤层(线)及灰岩透镜体,底部常见不规则的铁矿层。许多专家认为该段应独立成组,如木盂子组和田师傅组(金建华,1995)、铁铝岩组(刘鸿允等,1957)、湖田组(张守信,1980)。范炳恒(1998)认为以石灰岩广泛出现为标志划分组间界线更为合理,将自奥陶系灰岩(局部寒武系)剥蚀面至石炭系最低灰岩底之间的一套铁铝岩、砂岩、页岩、泥岩为主的岩石组合定义为田师傅组:不含石灰岩,反映了一种残积—近海岸边沉积序列,局部地区含有海相非石灰岩夹层,代表了华北地台区在经受了长期风化剥蚀后再度沉积的早期阶段的地层。

裴放将禹州本溪组确定为:底界为与下古生界的平行不整合面,顶界为太原组最下一层灰岩(及其下的煤层)底面(裴放,1999)。

在铝土矿勘探实践中,为便于识别,本溪组指上古生界最下面的以铁质黏土岩、铝质岩、黏土岩为主的铁铝岩系。主要岩性有铁质(赤铁矿、黄铁矿、铝土矿)黏土岩、铝土矿及铝土页岩、黏土矿、碳质页岩、煤等。底界为与下古生界的平行不整合面,顶界为太原组最下一层灰岩、砂岩底面。本书照顾生产习惯,本溪组沿用该概念,为一套陆地残积—近海岸边的沉积岩系。石炭系铝土矿产出于本溪组中部。

河南省西北地区本溪组的分布受区域构造的明显控制。河南省西北地区区域褶皱构造主要有陕县—渑池—新密。

15.2　焦作—济源地区

焦作—济源地区指河南省北太行山东麓的铝土矿成矿区,行政区划涉及焦作市、济源市的博爱、沁阳、济源等县市。该区构造线方向以近东西向为主,在沁阳以东转为北北东向。主要构造为断裂构造,褶皱构造不明显。区域构造运动以垂直升降运动为主,水平运动不明显,地层产状近似水平。

区域近东西向断裂构造十分发育,规模大,多次活动,比较重要的有行口正断层、盘古寺正断层、五龙口正断层等,主要为高角度正断层,多呈大致平行排列的阶梯式出现,对区域地形地貌、地层分布及成矿作用有明显的影响。太行山在济源—焦作一带呈近东西向,行口正断层构成太行山南界。在沁阳以东,断裂构造以北北东向为主。在山区,这些断层局部形成地垒和地堑,区域石炭系、二叠系多保留在地堑中,地堑外上古生界剥蚀殆尽。地堑构造对石炭系的铝土矿、黏土矿含矿岩系的分布有明显的控制作用。

15.3　汝州—宝丰地区

汝州—宝丰地区指汝州—宝丰盆地南西侧的铝土矿分布区,行政区划涉及洛阳、平顶山市的汝阳、汝州、宝丰、石龙区、鲁山等县市。该区邻近北秦岭构造带,主要构造线方向呈北西向,局部叠加北东向构造,构造作用较为复杂。主要构造有断裂构造和褶皱构造。区域地层总体上呈北西向展布,在北秦岭构造带出露太华群、熊耳群等古老地层,向汝州—宝丰盆地出露古生界、中生界、新生界,局部发育次级褶皱,有梁洼向斜、唐沟背斜等。

断裂构造主要有北西向和北东向两组。北西向断裂有三门峡—宝丰断裂,北东向的断裂有洛河断裂、伊河断裂等。

15.3.1 区域岩浆岩

区域岩浆岩主要有中元古熊耳群的中基性火山岩、嵩阳期—燕山期侵入岩、中—新生代的中基性火山岩。熊耳群火山岩主要分布于王屋山地区、岱嵋寨隆起及北秦岭构造带的灵宝—洛宁—汝阳—舞阳地区的隆起中心部位;嵩阳期—燕山期侵入岩主要出现于隆起区的核心部位,如嵩箕地区嵩山、箕山背斜的核部、王屋山地区、北秦岭构造带等地区。除陕县断陷盆地铝土矿区见燕山期侵入岩外,该地区的渑池—新安向斜、岱嵋寨背斜;嵩箕地区的嵩山背斜、箕山背斜、颍阳—新密向斜、禹州向斜;焦作济源地区的克井向斜、常平向斜、焦作—汲县向斜等。

褶皱运动使得背斜的核部受到构造抬升,加上后期断陷运动,隆起区剥蚀强烈,出露太古宇、元古宇;向斜核部下陷,接受中新生界沉积。

石炭系本溪组受构造作用的控制主要分布于隆起四周,如岱嵋寨隆起南侧、东侧的陕渑新地区、嵩山—箕山隆起周围的嵩箕地区、北秦岭隆起东北侧的汝州—宝丰地区,中条山—太行山隆起东南侧的焦作—济源地区。本溪组一般呈背离隆起的单斜产出,产状平缓,倾角5°~15°,如陕渑新地区中段和东段、嵩山—箕山隆起嵩山和箕山北侧、北秦岭隆起东北侧的汝州—宝丰地区;部分地区受构造影响明显,本溪组主要产出于断陷盆地中,如焦作—济源地区,陕县—渑池—新密地区西段。隆起周围受构造影响较大的局部地区,出露较差,如嵩山南侧、箕山南侧。

根据钻探资料,隆起区周围煤矿之下、河南省东、濮阳油田深部该组也广泛存在。在华北范围内,本溪组呈现由东北向西南变薄的趋势(范炳恒,1998;郭续杰,2002;蒋飞虎,2006)。在隆起区,如嵩箕隆起、岱嵋寨隆起、太行山隆起、北秦岭隆起,本溪组剥蚀缺失。在焦作武陟、许昌长葛等地新生界覆盖层下该组缺失。油田勘探发现濮阳油田南部兰考马古5、6井到山东丰县一线以南覆盖层下该组缺失(蒋飞虎,2006),河南省东平原的内黄块隆、登封—太和块隆等地,印支期以后构造隆升、古生界遭受剥蚀,局部剥蚀到太古界,该组剥蚀缺失。

本溪组底界为寒武—奥陶系的古风化面,顶界为太原组底部的灰岩或砂岩。底界的碳酸盐岩古风化面,岩溶地貌发育,起伏不平;顶界除岩溶洼斗引起的局部洼陷外,相对平滑。本溪组厚度0~40 m,受古岩溶地形的控制,在岩溶洼地洼斗处,厚度较大,在古突起处,厚度较小,乃至缺失。

河南省西北地区该组层位稳定,分布较为连续,在河南省西北地区寒武—奥陶系碳酸盐岩风化剥蚀面上,均有该组存在。部分地区出现本溪组沉积缺失或极薄地段,如登封石道月湾、登封西白坪张家门、渑池县南谢村、汝州朝川于庄(吴国炎,1996),

在济源下冶矿区南崖头、沁阳虎村矿区西万矿段、沟头矿区 ZK15948 钻孔观察到本溪组缺失现象,在偃师下徐马 ZK35396 钻孔观察到本溪组厚度极薄的现象。没有观察到大面积沉积缺失的现象。

15.3.2 本溪组岩性

河南省西北地区本溪组岩性主要有铁质(赤铁矿、菱铁矿、硫铁矿)黏土岩、铝土矿、黏土矿、碳质黏土岩、煤层等。根据岩石组合和岩石化学特征,剖面上从下到上大致可以划分为三个岩性段:

下段(C_2b^1):铁质黏土岩段,以高铁为特征。主要岩性有各种铁质黏土岩:赤铁矿黏土岩、黄铁矿黏土岩、菱铁矿黏土岩等,局部富集构成赤铁矿、菱铁矿、硫铁矿体。向上铝含量增高,出现高铁铝土矿等。地表氧化,呈以红色为主的斑杂色,颜色有程度不同的紫、红、黄、灰等。深部钻孔中,主要的色调仍然呈紫红、红褐、黄等色调,部分矿区出现黑色—深灰色。王古洞、管茅、郭沟、雷沟、下冶等矿区,大部分钻孔中该层呈紫红、红褐、黄褐、浅黄等颜色,曹窑、虎村矿区该层主要呈灰—灰黑色,少部分呈红褐色、褐色等。地表风化呈碎屑状,深部为泥质、浸染状、致密、豆鲕、碎屑等结构,层状、块状、斑点状构造。王古洞、雷沟、管茅等矿区出现赤铁矿层,厚度大者可达 2 m 以上。王古洞矿区估算赤铁矿资源量 178.38 万 t。虎村、下冶、雷沟、曹窑、管茅、郭沟等矿区该层局部出现黄铁矿,济源下冶官洗沟、新安竹园—狂口、荥阳冯庄该段形成硫铁矿矿床。该段厚 0~20.80 m,一般为 1.50~8.00 m,平均 5.40 m。

中段(C_2b^2):铝土矿段,以高铝为特征。主要岩性有铝土矿、高铝黏土矿、硬质黏土矿、铝质岩等,颜色主要为不同程度的灰色,局部出现青灰、紫、红、黄、黄褐等色,主要结构有碎屑状、豆鲕状、蜂窝状及致密状、砂状等结构,主要构造有块状、层状构造等。蜂窝状、砂状结构一般出现于厚度较大的铝土矿体的中下部,品位较高,较为少见;豆鲕状、碎屑状铝土矿出现于铝土矿体上部,品位中等或偏低,为河南省西北地区最为常见的铝土矿石。厚 0~23.90 m,一般 1.00~10.00 m,平均 5.70 m。

上段(C_2b^3):为黏土质页岩、碳质页岩段,以高硅为特征。主要岩性有黏土矿、黏土岩、碳质黏土岩、煤等,颜色呈黑、灰、灰白等,局部出现黄褐、红褐等颜色。雷沟、曹窑、虎村、大营矿区该层主要为碳质页岩,颜色以黑色为主,普遍出现煤线、煤层,煤层厚度大者达 6~7 m;管茅、郭沟、下冶矿区该层出现铁质黏土岩,颜色主要为棕黄、土黄等,煤层少见。厚 0~16.76 m,一般 0.50~3.00 m,平均 2.00 m。水平方向上,下段的铁质黏土页岩、上段黏土页岩层位稳定,在区域上广泛分布;中段铝土矿分布较为局限,铝土矿出现于岩溶洼地、洼斗中,洼地、洼斗外相变为黏土矿、黏土页岩。三个岩性段均有局部缺失现象。

河南省西北地区本溪组的分段及岩性特征,与山西、山东等地本溪组相同,在整个华北地区可以对比。

水平方向上,下段的铁质黏土页岩、上段黏土页岩层位稳定,在区域上广泛分布;中段铝土矿分布较为局限,铝土矿出现于岩溶洼地、洼斗中,洼地、洼斗外相变为黏土矿、黏土页岩。三个岩性段均有局部缺失现象。

河南省西北地区本溪组的分段及岩性特征,与山西、山东等地本溪组相同,在整个华北地区可以对比(见表 15-1)。

表 15-1　河南省西北地区石炭系本溪组分段及岩性特征

地层时代				厚度(m)	岩性柱状图	岩性特征	水流方式	沉积场所及沉积相
系	统	组	层位					
石炭系	上石炭统	太原组 C_2t				生物灰岩、砂岩、页岩、局部出现薄层煤		浅海
						下部石英粗砂岩,局部出现薄层石英角砾岩		
		本溪组 C_2b	上段 C_2b^3	0.1~1		炭质页岩、铁质页岩等	停滞	沼泽
				1~3		炭质黏土岩、煤线、薄煤层	停滞	沼泽
				0.3~1		砂质黏土岩、炭质黏土岩:灰色、黑色	停滞	沼泽
			中段 C_2b^2	0.5~1		黏土矿、黏土岩:灰色,致密状,碎屑状	弱渗流	岩溶洼地
				0~2		碎屑状、豆鲕状铝土矿:灰色、灰白色、黑色等	渗流	岩溶洼地
				0~10		蜂窝状铝土矿:黄褐色、红褐色、灰色等,出现于厚度较大矿体中部	强烈渗流	岩溶洼斗
				0~20		砂状、土状铝土矿:灰色、青灰色、灰白色,出现于厚度较大矿体中下部	强烈渗流	岩溶洼斗
				0~3		豆鲕状、蜂窝状铝土矿:灰色、红褐色、灰白色等	渗流	岩溶洼地、洼斗
			下段 C_2b^1	0~3		黏土岩:灰白色、灰黑色、杂色等	大气降水	陆表、岩溶洼地、洼斗
				0~10		高铁铝土矿:红褐、紫红色、豆状、碎屑状、局部出现	大气降水	地表、岩溶洼地、洼斗
				0.5~20		铁质(赤铁矿、黄铁矿、菱铁矿)黏土岩:红色、黄褐色、红褐色、灰色等,含黏土、赤铁矿、黄铁矿、菱铁矿等	大气降水	陆表
寒武—奥陶系						灰岩:灰白色、致密状、角砾状等。主要成分为碳酸盐,顶部铁染呈红色、黄褐色		

　　河南省西北地区石炭纪本溪期岩相古地理经过晚奥陶世—早石炭世的隆起剥蚀,早石炭世华北地区内部表现为高度夷平、地势平缓的地表为寒武—奥陶系碳酸盐岩覆盖的准平原状态。晚石炭世,华北地区整体下降,海水由东向西侵入,形成华北陆表海,华北地区总体的古地理环境为:北为内蒙古陆、西为鄂尔多斯古陆的巨大的浅碟状陆表海环境。由于中朝古板块和西伯利亚板块碰撞,华北北部的阴山—大兴安岭一带隆起,接受剥蚀,向华北盆地提供沉积物质。本溪期海侵的规模较小,局限于华北地区东北部,出现明显的海相灰岩。本溪组主要岩性有铁铝质黏土岩、砂岩、灰岩等,局部出现煤系地层,是典型的古地表—海侵沉积,沉积物表现出向北、南、西变薄的现象(郭续杰,2002)。太原期,海侵规模范围较大,几乎整个华北地区都为海水所覆盖,而沉积中心迁移到南华北地区。

　　37 个钻孔中有 3 个本溪组顶板为砂岩,41 个钻孔见到第二层灰岩,21 个钻孔见到第三层灰岩,有 4 个钻孔见 5 层灰岩。偃师管茅矿区 34 个钻孔中 6 个钻孔本溪组直接顶板为砂岩,其他为碳酸盐岩,10 个钻孔见到 3 层以上灰岩。伊川郭沟矿区 38 个钻孔中,28 个钻孔顶板为灰岩,10 个钻孔顶板为砂岩。多数钻孔太原组见 2 层灰岩,少数有 3 层灰岩。渑池曹窑矿区 170 个钻孔顶板为砂岩,仅有一个钻孔本溪组直接顶板为灰岩,54 个钻孔见到两层灰岩,太原组灰岩总厚度 0.4～20.19 m。陕县王古洞矿区 9 个钻孔顶板为砂岩,1 个钻孔为灰岩;5 个钻孔太原组见灰岩,厚度 2.1～3.96 m。

在河南省东至两淮地区灰岩 10 层以上,总厚度达 40～50 m 以上,而陕西渭北地区只发育一层灰岩,且厚度多小于 5 m(陈世悦,2000)。河南省西北地区太原组特征支持石炭纪海侵来自东北、华北地区西部隆起的古地理状态。

本溪组下段为铁质黏土岩,铁质含量较高,地表氧化常呈红色、红褐色、黄色等。郭沟、管茅、王古洞、下冶、雷沟、曹窑矿区的钻孔本溪组下段常出现红色、红褐色的铁质黏土页岩、赤铁矿。部分深度较大钻孔,铁质黏土岩也呈明显的氧化色:雷沟矿区 ZK7614 钻孔 276.86～278.4 m 出现红褐色铁质黏土岩;曹窑矿区 ZK19867 钻孔 332.33～333.66 m 为红褐色铁质泥岩、ZK20679 钻孔 349.65～353.65 m 褐色铁质黏土岩中见赤铁矿;沟头矿区 ZK6480 钻孔红褐色的铁质黏土岩出现深度为 649.93～652.93 m;大营矿区 ZK145320 钻孔 270 m 处出现红褐色铁质黏土岩。说明本溪期早期河南省西北地区处于陆地表面状态,氧化作用强烈。

本溪组上段为黏土岩、碳质黏土岩段,广泛出现煤、碳质页岩。陕县王古洞、渑池雷沟、曹窑煤矿深部、沁阳市虎村、济源下冶、宝丰大营的本溪组上段碳质页岩广泛出现,部分钻孔出现质量较好的煤层。曹窑矿区有 14 个钻孔本溪组上段出现厚度较大煤层,最厚达 7.65 m,虎村矿区本溪组上段碳质页岩中普遍含有薄层煤。说明本溪期晚阶段,河南省西北地区地下水面升高,植物生长旺盛,植物遗体在水中堆积,形成泥炭沼泽,处于海侵之前沼泽状态。

本溪期开始时候,河南省西北地区总体的地貌状态为:地势平缓、地形高差不大,植物广布,地表为碳酸盐岩覆盖的高度均夷化准平原:

(1)寒武系—中奥陶统是一套厚度巨大的碳酸盐岩地层,覆盖于华北地区太古宇、元古宇古老岩层之上。寒武系厚度 632～830 m,奥陶系厚度 14～59 736 m(河南省区域地质志,1989)。

(2)华北地区在晚奥陶世到早石炭世约 140 Ma 的时间内处于风化剥蚀状态,石炭纪呈高度夷平的准平原地貌。铝土矿、铁质黏土岩、煤系地层是典型古地表的产物,铝土矿广泛出现在辽宁、河北、山东、山西、陕西、河南等地。

(3)华北地区上石炭统和早古生界呈假整合接触关系(甄丙钱,1985;河南省区域地质志,1989;吴国炎等,1996;李增学,1998;王翠芝,2007;韩俊民 2007),说明奥陶系形成以后,华北地区受构造运动的影响较小,一直到晚石炭纪海侵以前,仍然保持近似水平的状态,同时,陆地和周围海平面的高差极小,未发生大规模的剥蚀事件。

(4)华北地区在晚奥陶世到早石炭世长达 140 Ma 的时间内未出现明显地层记录,河南省西北地区铝土矿区本溪组砂岩极为少见,说明在石炭纪海侵以前,华北地区陆地表面覆盖寒武—奥陶系的碳酸盐岩。侵入岩、变质岩、碎屑岩等富含石英的岩石未大量出露地表,砂岩等易于保存的沉积物不发育。

(5)太原组灰岩厚度小、分布范围大,说明海侵时地势平缓,呈陆表海状态。"海底平缓,基底起伏不大,平均坡度仅为 8×10^{-7} 度"(陈世悦,2000)。"总体形态为巨大的浅碟沉积盆地","盆地古坡度极缓(∠0.001°)"(李增学,1998)。

(6)河南省西北地区本溪组围绕隆起分布,产状一般背离隆起、倾向盆地,按产状外推,本溪组远远高于现在隆起的顶峰。也就是说,如果铝土矿沉积时其产状是近似水平的,当时隆起区并不存在。

(7)河南省西北地区各地本溪组分段及岩性特征相近、差别较小。说明该组形成时各矿区地质环境相近,未受附近隆起的明显影响。

(8)本溪组铁质黏土岩广泛出现的红色、黄褐色,说明其形成于地表环境。地矿部开展的《全国地层多重划分对比研究》认为:近十多年来华北石炭、二叠纪岩相古地理研究表明"石炭纪,整个华北(包括南北边缘)地势极为平坦,并无板块对接、碰撞、挤压、褶皱隆起形成的高峻地形"(陈晋镳、武铁山,1997)。

早石炭世,华北处于陆地隆起状态;太原期,华北整体上处于陆表海状态。

本溪期,华北处于陆地向陆表海转变的时期,河南省西北地区古地理概貌为海侵逐步扩大的、地势平缓、气候湿热、植物繁盛的碳酸盐准平原环境,本溪组铁铝岩系为海侵前的陆地风化、残积、沼泽环境的产物。

15.3.3 河南省西北地区石炭纪本溪组陆表铁铝成矿体系

河南省西北地区本溪组的铝土矿、山西式铁矿、硫铁矿、黏土矿、一₁煤等矿产时间上、空间上关系密切,构成碳酸盐岩古夷平面海侵前地表风化—沼泽化形成的铁铝成矿体系。剖面上,从下到上依次为山西式铁矿、硫铁矿—铝土矿(黏土矿、镓、锂)—黏土矿—煤矿。其中铝土矿、黏土矿、煤等矿产,规模大,分布广。

本溪组下段为铁质黏土岩段,以高铁为特征。主要岩性有各种铁质黏土岩:赤铁矿、黄铁矿、菱铁矿黏土岩等,局部富集构成山西式铁矿、菱铁矿、硫铁矿体。山西式铁矿:王古洞、曹窑、雷沟、管茅等矿区均有赤铁矿层出现,河南省西北地区多数矿区规模小、分布零星,王古洞矿区估算铁资源量178.38万t,焦地矿区1 488万t。硫铁矿:在岩溶洼斗深部,黄铁矿较为常见,局部富集形成硫铁矿床,华北各地广泛出现。河南省西北地区有荥阳冯庄、济源官洗沟、新安竹园—狂口、焦作冯封等矿床。矿层厚度受控于寒武—奥陶系顶部风化侵蚀面的古地形,凹处矿层厚,矿石品位亦高;凸处矿层薄乃至消失,品位亦相对较低。矿体厚度0.15~7.03 m,以1~2 m为主。硫品位18.50%~25.82%,最高38.22%,属陆相生物成因沉积型,在华北广泛分布(李钟模,1994)。在河南省西北地区铝土矿区,铁质黏土岩常出现黄铁矿,雷沟ZK4105钻孔黄铁矿黏土岩硫品位达46.74%。

本溪组中段为铝土段,以高铝为特征。主要岩性有铝土矿、高铝黏土矿、硬质黏土矿、铝质岩等,形成铝土矿、黏土矿床。铝土矿共生锂、钛、稀土等资源。河南省西北地区主要铝土矿分布于该段,河南省西北地区是我国重要的铝土矿成矿区。铝土矿在水平方向上相变为黏土矿,黏土矿和铝土矿空间上密切伴生,多数铝土矿区伴生有黏土矿资源,焦作以东地区出现一系列大型黏土矿。铝土矿共生有可以综合利用的镓资源(汤艳杰,2002),中国铝业为世界第一大镓生产企业。铝土矿共生的资源还有锂、钛、稀土等,河南省西北地区部分铝土矿床伴生的锂、钛资源量可达大型规模,目前未得到综合利用。

本溪组上段为黏土页岩、碳质页岩段,以高硅、富含碳质为特征,主要岩性有黏土矿、黏土岩、碳质黏土岩、煤等。形成黏土矿、煤等矿床。太原期，华北地区发生多次海侵，留下多层灰岩及煤层。河南省太原组含煤 4～13 层，称一煤组，底部的一$_1$煤为大面积可采煤层，位于太原组底部第一层灰岩之下，与本溪组空间位置相近，河南省西北地区煤田地质勘探将本溪组铝质岩作为煤底板。一$_1$煤在安阳、鹤壁、济源、新安、陕渑、宜洛、荥巩、新密等地厚度较大、可采，到临汝、禹州、平顶山一带变为不可采煤层；山西组底部的二$_1$煤为普遍可采煤层，在河南省全省范围内可采（罗铭玖等，2000）。

石炭纪的本溪期陆表—沼泽化，形成河南省西北地区山西式铁矿、硫铁矿—铝土矿（黏土矿、镓、锂、钛）—煤矿等矿床，使得河南省西北地区成为一个经济意义巨大的资源宝库。

15.4 河南省西北地区铝土矿成矿区带划分

河南省西北地区铝土矿赋存于石炭系本溪组，出露位置受地层的控制。本溪组受褶皱构造的控制，主要分布于隆起周围。河南省西北地区铝土矿沿本溪组地表露头呈串珠状出现。

如中条山隆起、岱嵋寨隆起南侧、东侧的陕县—渑池—新密地区，嵩山—箕山隆起周围的嵩箕地区，北秦岭隆起东北侧的汝州—宝丰地区，中条山—太行山隆起东南侧的焦作—济源地区。根据隆起的不同，可以划分出四个成矿区，每个成矿区又划分出不同的成矿带。其中陕县—渑池—新密成矿区矿床规模大、品位高，嵩箕地区次之，济源—焦作地区、汝州—宝丰地区矿床规模小、数量少。

15.4.1 陕县—渑池—新密成矿区

陕县—渑池—新密成矿区位于陕渑新盆地与北秦岭隆起及岱嵋寨隆起交接部位。南侧和北秦岭隆起呈断层接触，石炭系埋藏较深，除西段有少量铝土矿外，其他地区未见铝土矿出露；北侧的岱嵋寨隆起构造作用相对较弱，地层产状平缓，围绕隆起有大量铝土矿床。该带为河南省最为重要的优质铝土矿成矿区。根据构造控制因素，可划分为西、中、东三个矿带。

1. 西矿带

西矿带位于扣门山断层以西的陕县断陷盆地，夹持于秦岭隆起和岱嵋寨隆起之间，西起七里沟，东至焦地，长约 30 km。大地构造上位于秦岭构造系和太行山构造系的交接部位，北东向及北西向断裂发育，矿带被断裂带分割成大小不一的菱形断块，本溪组在断陷盆地中保存较好，形成铝土矿床，在相对隆起地区被剥蚀殆尽。该矿带已经发现大中型矿区 15 个，矿床规模小至特大型。主要矿区有七里沟、杨庄、焦地、王古洞、支建、崖底、南麻院、水泉洼等。大部分矿区铝土矿体呈倾向南东的单斜产出，少数南西或北西，倾角 10°～30°，矿体厚度一般为 2～9 m，矿石以中等品位为主。中国铝业在支建煤矿深部发现中型铝土矿。

2. 中矿带

中矿带位于扣门山断裂和龙潭沟断裂之间，西起杜家沟，东至郁山，矿带断续分布，总长达 60 km。西段沿北东向的扣门山断层东侧展布,东段沿岱嵋寨隆起南侧北西向展布。区域地层整体上呈倾向南的单斜产出,产状平缓,矿体倾向南东或南西,倾角 10°~30°。有大中型矿区 8 个,矿体厚度一般 4~6 m,最厚达 49.82 m(贾家洼矿区),矿石以富矿为主,有部分优质高铝黏土矿,矿床规模中至特大型,主要矿区有杜家沟、曹窑、贾家洼、雷沟、沟头等。2004 年中国铝业在雷沟矿区探获大型铝土矿,2007 年三门峡义翔铝业在曹窑煤矿深部发现目前河南省最大的特大型铝土矿,为近年来河南省铝土矿地质勘探重大进展。

3. 东矿带

东矿带位于龙潭沟断裂以北,在岱嵋寨隆起东侧呈近南北向展布,南起新安张窑院,北至济源下冶,矿带断续长达 25 km,成矿地质条件良好。地层呈倾向东的单斜产出,构造简单。带内分布有大中型矿区 7 个,自南到北依次为张窑院、贾沟、石寺、马行沟、竹园—狂口、石井、下冶等矿区,矿体出露较好,一般倾向东,倾角 5°~15°。矿体厚度一般 1.00~7.50 m,下冶矿区矿体最厚 70.50 m。该矿带矿石品位较高,张窑院为河南省平均品位最高的铝土矿区。

15.4.2 嵩箕成矿区

嵩箕隆起可以分为嵩山背斜、箕山背斜及其间的颍阳—新密向斜盆地、禹州盆地等几个明显的褶皱构造。铝土矿床围绕隆起分布,受隆起的明显控制,其中嵩山北侧、箕山北侧及嵩箕地区东部的新密—登封—禹州一带铝土矿出露较好,可划分为嵩山北侧的偃师—巩义—荥阳矿带、箕山北侧的鳌头—西白坪矿带和嵩山—箕山东侧的登封—新密—禹州矿带。嵩山南侧的吕店—登封—卢店一带、嵩箕隆起南侧的汝州—郏县一带,断层规模较大,断层上升盘石炭系被剥蚀,下降盘被厚度巨大的第四系覆盖,局部石炭系出露,面积有限,只形成小规模的铝土矿点,规模小、数量少,不再划分为矿带。

1. 偃师—巩义—荥阳铝土矿成矿带

位于嵩山北坡,西起洛阳龙门,东到郑州三李,全长 101 km。地层除断层附近外,总体上呈走向近东西、倾向北、倾角较小的单斜产出,矿体和区域地层产状一致,比较稳定。嵩山山脉被五指岭断层和嵩山断层错断成三段,相应铝土矿带可以分为断续的三个矿段:

(1)西段:参店—龙门矿段。

即嵩山断层以西的地段。东自巩义李家窑,西至洛阳龙门,长 45 km。其中巩义李家窑—偃师西寨长 27 km 的地段,原地质三队做过普查工作,划为夹沟、管茅、焦村、西寨四个矿区,提交铝土矿远景储量 3 287.0 万 t。西寨—龙门长 18 km 的地段内,工作程度很低,仅局部见铝土矿露头。洛阳香江万基铝业公司在下徐马—朱村矿区进行地质勘探工作,发现小型隐伏铝土矿床。

(2)中段:涉村矿带。

即五指岭断层与嵩山断层之间的地段。东自大王河,西至关帝庙,长 15 km,有涉村、张沟两个矿区,20 世纪 50 年代做过初勘,提交铝土矿工业储量 401.4 万 t,耐火黏土远景储量 5 051.5 万 t。

(3)东段:小关矿带。

即五指岭断层以东地段。东自郑州三李，西至巩义石榴园，长 41 km。西段有钟岭、大峪沟、竹林沟、茶店、水头、冯庄 6 个矿区，在 20 世纪 50 年代和 60 年代做过勘探，探明铝土矿工业储量 6 371.3 万 t，耐火黏土工业储量 1 656.7 万 t。东段杨树岗矿区做过勘探，提交铝土矿工业储量 334.2 万 t。中国铝业近年来在荥阳冯庄—新密白寨一带进行铝土矿地质找矿工作。

2. 鳌头—西白坪铝土矿成矿带

位于箕山北坡，颍阳—新密向斜南翼。西起临汝鳌头，东至登封西白粟坪，长 42 km，近东西向展布。区域地层呈走向东西、倾向北的单斜产出，倾角 19°～43°。本溪组厚 8～45 m。矿体产状和区域地层一致。

本成矿带有矿体 70 多个，呈透镜状、似层状、囊状，最大长度 600 m，一般 50～300 m，最大厚度 29.46 m，矿体平均厚度 3.94 m。分为 10 个自然矿段：①鳌头矿段；②老君堂矿段；③小郭沟矿段；④杜家湾矿段；⑤郭沟矿段；⑥刘楼矿段；⑦梁庄矿段；⑧邓槽矿段；⑨三园矿段；⑩西白粟坪矿段。估算资源储量 2 021 万 t，平均 Al_2O_3 为 63.81%，SiO_2 为 10.97%，A/S 为 5.8。近年来，中国铝业河南省西北地区铝土矿在本溪组广泛分布，但是其分布具有不均匀性，只有岩溶洼地洼斗中出现铝土矿体。一般矿区，铝土矿面含矿系数为 5%～10%，规模较大矿区，面含矿系数可达 50% 左右。下冶矿区本溪组面积约 5 km²，铝土矿体面积约 0.3 km²，面含矿系数 6%；虎村矿区本溪组面积约 3 km²，铝土矿体面积约 0.3 km²，面含矿系数 10%；管茅矿区本溪组面积约 5 km²，铝土矿面积约 0.4 km²，面含矿系数 8%；曹窑矿区本溪组面积为 14.60 km²，矿体面积约 7.0 km²，面含矿系数 48%。虽然由于覆盖，有限的勘查工程未发现所有铝土矿体，但显然铝土矿只占本溪组分布面积的很小部分。平面上、剖面上矿体形态受岩溶地貌的明显控制。平面上，岩溶洼斗中出现小规模的矿体，呈不同形状的圆状、椭圆状；岩溶洼地中，矿体规模较大，呈面状。剖面上，受岩溶地貌的控制，河南省西北地区铝土矿矿体主要有三种形态：层状、透镜状、洼斗状。在地形为平坦、开阔的古岩溶洼地时，形成层状矿体；在地形为岩溶落水洞、漏斗时，则形成洼斗状矿体，透镜状矿体介于二者之间。河南省西北地区铝土矿剖面形态最具代表性，据此可以划分矿体类型：层状矿体、洼斗状矿体、透镜状矿体。

该类型矿体剖面上呈层状，平均厚度较小，一般 3～5 m，但水平方向延伸较大，大者可达 3～5 km，如曹窑矿区 1 号矿体长 3 900 m，宽 100～860 m，雷沟矿区雷沟矿段矿体长 7 200 m，宽 300～700 m；矿体规模较大，单个矿体铝土矿资源储量可达数千万吨，曹窑矿区 1 号矿体铝土矿资源量 2 410.4 万 t，雷沟矿区雷沟矿段铝土矿资源/储量 6 526.6 万 t；矿床平均品位一般较低，A/S 一般为 4～5。典型的如渑池曹窑铝土矿、渑池雷沟铝土矿、巩义水头钟岭铝土矿床。巩义水头钟岭矿区可分为水头矿段、钟岭矿段。其中水头矿段矿体长度大于 5 000 m，宽大于 1 000 m，矿体厚度 0.5～14.44 m，平均厚度 2.38 m，平均品位，Al_2O_3 为 65.64%，SiO_2 为 12.76%，Fe_2O_3 为 2.43%，A/S 平均为 5.1。钟岭矿段矿体长度大于 2 900 m，宽大于 1 200 m，矿体厚度为 1.5～12.93 m，平均厚度 2.07 m，矿石平均品位，Al_2O_3 为 64.58%，SiO_2 为 14.17%，Fe_2O_3 为 2.45%，A/S 平均为 4.6。矿区铝土矿资源储量(121b) + (122b) + (333)2 037.7 万 t。

3. 登封－新密—禹州成矿带

位于嵩箕地区东侧,受嵩山、箕山背斜及新密、禹州两个大型向斜盆地的控制。可进一步分为新密矿段和禹州矿段。

新密矿段:受新密向斜控制。新密向斜是一个复式向斜,向斜轴在裴沟一带,北翼有云蒙山背斜和卢沟向斜,南翼有超化背斜和阳台向斜。东西向展布 35 km。由于存在多组褶皱构造,断裂构造复杂,近东西向、北东向构造发育,含铝岩系多次重复出现,并被切割成许多碎块,矿点星罗棋布,且产状多变。矿点有新密牌房沟、岳村、岳岗、袁庄、东沟、慧沟、五里店、七里岗后沟、小李寨、城南岗、楚庄、开阳庙坡、王庄、阎沟、寨坡、平陌、阳台、超化、楚岭、崔庄、灰徐沟,登封庄头、施村、南烟坡沟、戈湾等43处。但是,规模较小,其中庄头矿区进行过勘探,为小型铝土矿,戈湾和烟坡沟做过深部普查,其余矿点工作程度很低。

禹州矿段:禹州向斜也是一个复式向斜,由白沙向斜、段沟向斜和角子山背斜构成。东西展布 24 km,南北展布 35 km。因断裂构造复杂、矿体破碎、矿点多而规模小。主要矿点有禹州扒村、浅井、马沟、长庄、方山、鸠山、陈庄、鸿畅,登封蒋庄、费庄、王村等十余处。其中禹州方山做过勘探,提交工业储量 5 733.2 万 t;鸿畅、长庄、费庄等处做过深部普查。

河南省西北地区本溪组铝土矿含矿岩系大致可以分为铁质黏土岩、铝土矿、黏土岩三个层位,化学成分也表现出相应明显的变化。本次研究对王古洞、曹窑、雷沟、下冶、虎村、管茅、郭沟等矿区含矿岩系化学成分的变化进行了研究。

总体上讲,剖面上,从下到上铁质、硫有减少的趋势,硅质呈现中间低两头高、铝质呈现中间高两头低的特征。

本溪组下段的铁质黏土岩以高铁为特征,矿区 Fe_2O_3 平均含量15.63% ~ 24.41%,比其上覆的铝土矿 Fe_2O_3 含量明显偏高,一般为铝土矿的 2 ~ 10 倍;Al_2O_3 含量较低,变化于29.15% ~ 31.86%;SiO_2 含量为 24.64% ~ 34.88%;TiO_2 含量相对较低,为 1.40% ~ 1.89%,但钛率也相对较低,变化于 16.81% ~ 21.52%。上段的黏土岩以高硅为特征,SiO_2 含量为 34.27% ~ 44.34%;TiO_2 含量相对较低,为 1.53% ~ 2.05%,钛率也相对较高,为 19.08% ~ 25.11%。

铝土矿层位以高铝、低硅、低铁为特征。以上矿区铝土矿石单样 Al_2O_3 含量最高78.87%(雷沟);Fe_2O_3 含量变化于 0.25%(王古洞)~ 40.17%(郭沟);SiO_2 含量为0.94%(王古洞)~ 27.04%(管茅);TiO_2 含量为 0.84%(曹窑)~ 9.02%(王古洞),S 最高为33.81%(雷沟),A/S 最高为83.2(王古洞)。以上矿区铝土矿石算术平均 Al_2O_3 含量为56.49% ~ 67.30%;Fe_2O_3 含量为 2.30% ~ 11.77%;SiO_2 含量为 10.35% ~ 15.09%;TiO_2 含量为 2.50% ~ 3.73%,钛率也相对铁质黏土岩较高,为 18.06% ~ 24.04%,A/S 为4.0 ~ 6.5。高品位铝土矿(A/S 大于7)相对 Al_2O_3、TiO_2 含量较高,而 SiO_2、Fe_2O_3、S 含量较低,钛率相对较低。

15.5 含矿岩溶洼斗

含矿洼斗有厚度较大的铝土矿体出现,代表性的钻孔有下冶矿区 ZK0656、ZK4844、ZK3826,虎村矿区 ZK2404,管茅矿区 ZK16034 等(见图 15-1)。

图 15-1　岩溶铝土矿漏斗

下冶矿区 ZK0656 孔,位于下冶矿区东北部,含矿岩系厚度约 54 m,铝土矿厚度约 38 m。剖面如下:

上覆石炭系太原组生物碎屑灰岩。

⑩黏土页岩,土灰色,松软　2.0 m

⑨硬质黏土矿呈灰色,致密坚硬　1.0 m

⑧灰色砂岩状铝土矿　9.0 m

⑦红褐色蜂窝状、致密状铝土矿　6.0 m

⑥灰色致密状铝土矿　15.0 m

⑤浅黄、黄色砂状铝土矿　4.0 m

④含铝土矿块黏土岩　3.0 m

③铝高铁铝土矿　4.0 m

②白色含黄铁矿黏土岩,硫含量变化于 10.09% ～17.43%　9.0 m

①黄褐色夹红褐色的铁质黏土岩　1.0 m

下伏奥陶系灰岩。

总体上,可以划分为三个岩性段:下段①～④主要岩性有铁质黏土岩、黄铁矿黏土岩、高铁铝土矿等,厚约 17 m;中段⑤～⑧为厚度约 34 m 的铝土矿,铝土矿颜色及结构构造发生多次变化,总体来说,颜色从黄色、红色转变为灰色,品位较高的蜂窝状、砂状铝土矿位于下部;上段⑨⑩为硬质黏土和黏土页岩。

下冶矿区 ZK4844 钻孔,位于下冶矿区东南部,含矿岩系厚度约 77 m,铝土矿厚度约 70.50 m。含矿岩系剖面为:

上覆太原组生物灰岩

⑥土黄色黏土岩　2.0 m

⑤灰色豆鲕状铝土矿　1.0 m

④黄色、灰白色的土状夹蜂窝状铝土矿　58.5 m

上覆太原组生物灰岩　3.1 m

⑫碳质黏土岩　2.1 m

⑪煤层　0.2 m

⑩碳质黏土岩　1.0 m

⑨灰色豆鲕状　2.6 m

⑧灰色蜂窝状铝土矿特高品位铝土矿,Al_2O_3 76.8% ~77.48% ,A/S　25.8 ~41.1
4.5 m

⑦灰色蜂窝状铝土矿　1.3 m

⑥黑色致密状铝土矿,低品位　0.9 m

⑤黑色蜂窝状铝土矿　0.8 m

④黑色致密状高铁低品位铝土矿　1.7 m

③灰黑色碳质黏土岩,含黄铁矿　2.2 m

②灰黑色豆鲕状铝土矿,高铁、高硫　2.6 m

①黑色铁质黏土岩,含黄铁矿　6.7 m

下伏奥陶系灰岩。

该孔以灰色、黑色为主要色调,显示碳质明显影响,①~④黄铁矿含量较高,为铁质黏土岩;⑤~⑧出现蜂窝状高品位铝土矿,为中段的高铝段;⑨~⑫为上段低品位铝土矿、碳质黏土岩、煤。管茅矿区 ZK16034 钻孔,含矿岩系厚度约43 m,铝土矿厚度约27 m。剖面如下:

上覆太原组生物灰岩　1.4 m

⑩灰色、灰白色致密状、豆鲕状、蜂窝状铝土矿　16.2 m

⑨灰白色黏土岩　2.0 m

⑧灰白色豆鲕状、致密状铝土矿　4.2 m

⑦土黄色黏土岩　1.0 m

⑥灰色致密状铝土矿　7.3 m

⑤灰白色黏土岩　1.3 m

④灰色致密状黏土岩　2.6 m

③黄色、灰白色、灰色高铁铝土矿,铁含量15.22% ~25.10%　10.5 m

②白色铁质黏土岩(Al_2O_3 含量未达40% 而未构成铝土矿)　3.5 m

①灰色致密状铝土矿　1.5 m

下伏奥陶系灰岩。

该孔下部①②③段铁质含量高,为铁质黏土岩、高铁铝土矿段;④主要为中段的高铝段;⑤⑥为上段的低品位铝土矿及黏土矿段。

下冶矿区 ZK3826 钻孔,位于下冶矿区西部,含矿岩系厚度约35 m,铝土矿厚度约26 m。含矿岩系剖面如下:

上覆太原组生物灰岩。

⑮灰白色硬质黏土　1.1 m

⑭灰色豆鲕状铝土矿　3.9 m

⑬灰色土状、蜂窝状铝土矿　1.0 m

⑫灰色豆鲕状铝土矿　4.0 m

⑪灰色土状、蜂窝状铝土矿　1.1 m

⑩紫灰色结核状铝土矿　0.7 m

⑨灰色土状铝土矿　4.0 m

⑧土黄色土状铝土矿　5.0 m

⑦紫红色土状铝土矿　4.0 m

⑥灰白色、紫灰色铝土矿　1.0 m

⑤灰白色、紫灰色黏土岩　1.0 m

④灰白色、紫灰色铝土矿　1.0 m

③灰白色黏土岩　2.0 m

②紫红色黏土岩　1.0 m

①浅黄色、红褐色黏土岩　5.0 m

下伏奥陶系灰岩。

该孔①~⑦紫红色特征为下段铁质黏土岩的表现;⑧~⑬为中段高品位铝土矿,下部紫色、土黄色显示铁质含量较高;⑭⑮为上部低品位铝土矿及黏土矿。虎村矿区 ZK2404 钻孔,含矿岩系厚度约 29 m,铝土矿厚度约 14.6 m。

矿石化学成分相关系数表明,铝土矿 Al_2O_3 和 SiO_2、Fe_2O_3 呈明显的负相关,而与 TiO_2 呈明显的正相关。铁质黏土岩中 Al_2O_3 和 SiO_2 呈正相关,与 TiO_2 呈明显的正相关。

15.6　典型岩溶洼斗地质、地球化学特征

河南省西北地区铝土矿赋存于岩溶洼地洼斗中,矿体厚度、品位明显受岩溶洼斗的控制。在矿体厚度较小的情况下,结构比较简单,一般下部为铁质黏土岩,中部为铝土矿,上部为黏土岩、碳质黏土岩。在岩溶洼斗中,矿体厚度较大,含矿系出现明显的分带,颜色、结构构造、矿物组合、化学成分等特征发生明显的变化。出露于地表的岩溶洼斗,由于其中有富矿体,多数被开采,难以观察到其详细的地质特征。近期在下冶、管茅、虎村等矿区开展的地质勘探,钻探发现了具有代表性的矿层。

②灰色致密状黏土岩　1.8 m

①灰色铁质黏土岩　2.6 m

下伏奥陶系灰岩。

该孔以低铁为特征,下部铁质黏土岩 Fe_2O_3 含量较低,约 5%;向上②~⑤为黏土岩、黏土矿,铁含量 1.31%~3.18%;⑥~⑩为中段铝土矿段,其中⑥为高品位铝土矿,A/S 最高达 37;⑦~⑩为中低品位铝土矿;上段缺失管茅矿区 ZK20825 钻孔,含矿岩系厚度约 22 m,铝土矿厚度约 20 m。剖面如下:

上覆太原组生物灰岩 3.3 m。

③棕黄色黏土岩　2.0 m

②灰色豆鲕状铝土矿　2.0 m

①灰色蜂窝状铝土矿,Al_2O_3 含量大于 70%　18.0 m

下伏奥陶系灰岩。

该孔下部为高品位低铁铝土矿,铝土矿上部品位降低,为低品位铝土矿;上段出现高铁黏土岩,Fe_2O_3 含量 33.64%、18.64%。下段铁质黏土岩缺失。

从以上几个典型的钻孔剖面来看,岩溶洼斗,含矿岩系厚度巨大,仍然表现出下部铁质富集、中部铝质富集、上部硅质较高的分段性;管茅、虎村、下冶相距遥远,分属不同的成矿带,其岩性有一定的差别,但是相互间沉积层序、岩石特征相似,可以相互对比。从含矿岩系主要化学成分变化曲线来看,下段铁质黏土岩段具有明显的高铁、高硅、低铝的特征;中段铝土矿段,铁明显降低,硅和铝出现明显的分离,硅、铝呈明显反比例变化关系;上段的黏土岩段,硅明显增加、铝明显减低,管茅 ZK20825、下冶 ZK0656、虎村 ZK2404 表现出铁突然增加。管茅矿区两个钻孔分别缺失下段铁质黏土岩和上段黏土岩。含矿洼斗铝土矿含矿岩系化学成分相关系数表明,Al_2O_3 与 SiO_2、Fe_2O_3 呈明显的负相关,Al_2O_3 与 TiO_2 呈正相关。温同想(1996)对偃师夹沟、焦村、宝丰张八桥、石寺等铝土矿床钻孔进行了化学成分研究,这些矿区含矿岩系也有相同的元素变化规律性。

15.7　不含矿洼斗

河南省西北地区下冶、虎村、郭沟等铝土矿区,有不含矿和矿体厚度较小的岩溶洼斗出现。代表性钻孔如下冶矿区 ZK4026、郭沟矿区 ZK136101、虎村矿区 ZK1508。下冶矿区 ZK3826 钻孔和 ZK4026 相距约 50 m,ZK3826 中的铝土矿厚度达 26 m。不含矿岩溶洼斗中岩性较为简单,主要为铁质黏土岩或碳质页岩。具有高硅的特征。

矿区勘探由河南省有色金属地质勘查总院利用国家财政补贴资金进行,为大型矿床。

矿区大地构造位置上位于陕县断陷盆地中部,成矿区带属陕渑新铝土矿带的西矿带。矿区北部有北东向的张上断层通过,对地层、矿体有明显的控制作用。寒武系灰岩,石炭系本溪组呈北东向断续出露,部分隐伏于第四系下,沿倾向依次出露石炭系太原组、二叠系山西组,沟谷中为第四系。

矿区内圈出一个铝土矿体。在勘查区内,工程控制直线长约 2 500 m。西南段露头线连续性好,东北段隐伏于黄土下。受地形及剥蚀作用的影响,露头呈舒缓波状或"港湾"状,露头线总长为 5 150 m,呈走向北东—南西的长条状展布。矿体倾向 135°～145°,倾角 10°～14°,宽度 900 m。矿体厚 1.207 2～11.0 m,平均 4.25 m,厚度变化系数 51%。矿体整体上呈层状。

矿区铝土矿(333)+(334)类资源量 2 025.5 万 t。其中(333)类资源量 1 274.7 万 t,(334)类资源量 750.8 万 t。平均品位,Al_2O_3 为 68.53%,SiO_2 为 9.87%,A/S 为 6.9。矿区伴生(334)类黏土矿资源量 488.2 万 t,(334)类山西式铁矿资源量 178.4 万 t。

第 16 章 河南省西北地区石炭系铝土矿出露位置的控制因素

　　河南省西北地区是我国重要的铝土矿产地,石炭系含矿岩系分布在黄河以南、秦岭以北、京广铁路以西的广大范围内,出露面积约 20 000 km²。矿床属赋存于寒武—奥陶系碳酸盐岩地层古风化剥蚀面上的沉积型铝土矿,成矿时代为石炭纪本溪期。目前已经发现铝土矿床(点)1 000 多处(戴耕等,2000),主要分布于隆起区四周,如中条山隆起区、岱嵋寨隆起区东侧的陕县—新安地区,嵩山—箕山隆起区周围的嵩山—箕山地区,汝州—宝丰地区,中条山—太行山隆起区南侧的焦作—济源地区。河南省西北地区铝土矿围绕隆起区分布的特征,使得人们长期以来认为铝土矿形成于古陆(中条古陆、嵩箕古陆、岱嵋寨古岛、太行古陆)边缘(吴国炎等,1996;李凯琦等,1994)。

　　矿床形成后常常经历不同形式和不同程度的变化,已发现矿床的大多数是在其形成后经过变化而保存下来的(翟裕生等,2000)。河南省西北地区铝土矿形成后经历了 0.3 Ga 的构造变化,现今的矿床出露的地理位置和其原始状态有着巨大差异。本书通过对河南省西北地区铝土矿的区域地质背景、含矿岩系特征和其形成的古地理环境以及典型矿区地质构造的综合分析认为,河南省西北地区现今的地理、地貌特征是铝土矿形成后,尤其是新生代以来构造运动的产物。铝土矿围绕隆起区分布的特征是后期形成的,中生代以来的构造运动、风化剥蚀是河南省西北地区铝土矿床定位的决定性因素。

第17章　河南省西北地区石炭系铝土矿成矿系统控制成矿的因素

成矿系统是指在一定的地质时空域中控制矿床的形成、变化与保存的全部地质因素和作用、动力过程以及所形成的矿床系列、矿化异常系列构成的整体,它是具有成矿功能的一个自然系统。

河南省西北地区石炭系含矿岩系分布在黄河以南、秦岭以北、京广铁路以西的广大范围内,出露面积约 20 000 km²。矿床属赋存于寒武—奥陶系碳酸盐岩古风化剥蚀面上的沉积型铝土矿,成矿时代为石炭纪本溪期。

铝土矿成矿系统是位于地表的成矿系统,地球系统各个圈层(岩石圈、水圈、大气圈、生物圈)对其均有明显的影响。河南省西北地区铝土矿石炭纪成矿系统也是这样,地球系统所有圈层,全部参与并均具有极为重要意义的成矿系统,地球系统的各个圈层作为一个相互独立、相互联系的整体促使 Al 元素分异富集达到高峰而形成铝土矿床。河南省西北地区铝土矿成矿系统控制因素有:风化作用、沉积作用、构造运动、水文地质运动、生物、气候、大气、地貌、岩溶作用等,在河南省西北地区铝土矿的形成过程中具有重要影响。

17.1　风化作用

铝土矿的形成过程是强烈的地表化学风化条件下,岩石中包括二氧化硅在内的其他元素流失的过程。铝土矿的主要成分是水铝石、赤铁矿、二氧化硅、二氧化钛等地表风化环境下最为稳定的物质,是化学风化作用进行到最后阶段的产物。当风化作用进行到最后阶段——铝铁土阶段—红土型风化作用阶段,铝硅酸盐矿物被彻底分解,全部可移动元素都被带走,主要剩下铁和铝的氧化物及一部分二氧化硅。现代红土型铝土矿主要分布在南北纬30°范围内的南美、西非、东南亚、印度、澳大利亚等地的热带雨林地区。高温、多雨的气候条件使得化学风化作用极为强烈,有利于铝土矿的形成。华北地区缺失晚奥陶统—早石炭统,说明中奥陶世以后直到早石炭世长达 140 Ma 的时间内,华北地区处于隆起状态,经历了风化、剥蚀作用,地表堆积了大量的风化物质,铝得到了初步的富集。石炭纪,随生物进化,植物登陆并在陆地广泛分布,地球岩石圈运动使得河南省西北地区恰好位于赤道附近的热带多雨气候环境中,发育强烈的化学风化作用,像现代热带—亚热带碳酸盐岩地区一样,地表的碳酸盐岩风化形成富含硅质、铁质、铝质的风化壳,为铝土矿的形成提供了物质基础。

17.2　沉积作用

华北地区寒武—奥陶系厚度巨大的碳酸盐岩在晚石炭世的风化剥蚀面是铝土矿成矿

的主要场所,碳酸盐岩经过风化作用为铝土矿成矿提供了主要物质来源。铝土矿形成过程中,地表风化物质随水流带入岩溶洼地洼斗的沉积作用,是铝土矿搬运堆积的主要方式,铝土矿形成后晚石炭时海侵及沉积作用形成铝土矿的盖层,使得铝土矿免遭剥蚀,得到了很好的保护。石炭纪,华北及邻近地区有火山活动:天山—兴安地层区石炭系出现大量火山岩,太原西山七里沟太原组剖面底部的晋祠砂岩段出现沉积凝灰岩,在河北开滦本溪组底部出现厚度达数十厘米的火山成因的沉凝灰岩。

本溪组沉积前后,华北及临近地区有火山活动,随风飘散并沉积于陆地表面的火山灰为铝土矿成矿物质的来源之一。

17.3 地　貌

风化作用受到地貌条件的控制。"强烈切割的陡峻高山地形由于物理风化作用而不利于风化壳和风化矿床的形成,平原洼地水流不畅,也不利于风化矿床的形成。高差不大的山区丘陵地形对风化矿床形成最为有利,它能保证降水渗透到潜水面并由侵蚀基准造成有利的排水条件使之发生积极的化学风化作用","只有当造山运动经长期侵蚀达到较平缓的地貌或准平原化条件时才能形成规模巨大的风化矿床"。

对于铝土矿来说,地形高差较大的山区由于机械风化作用明显,使得地势较高处的地质体剥蚀速度较快,地表风化层在未形成铝土矿前被剥蚀殆尽,而地势较低的地方风化物质未形成铝土矿前又被埋到深处,从而不利于红土化及铝土矿成矿作用的进行。

地形条件控制了一个地区的水文地质条件,如潜水面的变化、排泄条件、大气降水的下渗作用,从而影响与铝土矿相关的化学风化作用。红土型铝土矿一般产出于高原台地、圆丘、长形单面山、山岭斜坡、平坦海岸准平原和沉积平地、平坦准平原上的小型洼地等地貌环境下。高原台地是铝土矿成矿最为重要的地貌形态,印度、几内亚、喀麦隆、巴西、圭亚那、澳大利亚、越南、老挝等地的铝土矿产于该地貌环境条件下,这些台地一般是地质历史时期古夷平面的残留。

古夷平面首先是一个风化面,为铁质、硅质、铝质富集的有利场所,其次,古夷平面地形高差较小,机械风化作用较弱,有利于化学风化的长期持续进行。

石炭纪,本溪组铝土矿形成时华北地区地层产状近似水平,经长期的风化剥蚀,总体地貌特征为地势平坦的碳酸盐岩夷平面状态,利于铝土矿的形成。平缓的地方,地表径流流速缓慢,渗透量大,有利于岩溶发育,也为河南省西北地区铝土矿的形成提供了赋存空间。

17.4 构造运动

构造运动对铝土矿的形成、保存、剥蚀、出露具有重要的影响。岩石圈的构造运动使得河南省西北地区从南半球向北移动而处于有利铝土矿成矿区域。古地磁资料研究表明,早古生代中朝板块从古纬度南纬20.2°移动到南纬12.9°地区,早古生代末期处于南纬地区。石炭世铝土矿形成时处于北纬10°左右等。构造运动带来的海侵活动,使得华北地区在石炭纪本溪期为陆表海淹没,结束了有利于铝土矿形成的陆地状态。

现代铝土矿主要发生在水平构造运动较弱,经过长期剥蚀风化的稳定地台区,而构造运动强烈的造山带则少有铝土矿形成。构造运动弱,有利于保持地形高差较小的准平原地貌形态,有利于铝土矿化作用的发育。

华北地区上石炭统和早古生界呈假整合接触关系,说明奥陶系形成以后,华北地区受构造运动的影响较小,一直到晚石炭纪海侵以前,仍然保持近似水平的状态,华北呈现有利于铝土矿成矿的准平原状态。

铝土矿上覆厚度巨大的晚石炭统、二叠系、早中三叠统,呈整合接触关系。说明铝土矿形成后,华北地区构造运动以持续的下降为主,使得铝土矿形成后被迅速掩埋,得到较好的保存。中三叠纪,华南与华北板块碰撞,华北板块南部发生隆起、褶皱,石炭系铝土矿在背斜区被抬升,经中生代的剥蚀及新生代断陷运动,围绕隆起区出露。构造运动对铝土矿的出露有重要控制作用。

17.5　水文地质作用

铝土矿形成于特定的水文地质条件下。充足的大气降水和良好的排泄条件是铝土矿形成必需的。

铝土矿化主要发生在潜水面以上,在地下水面以下,水体停滞,流动性变弱,铝土矿形成所需的淋滤作用停止。

红土型铝土矿主要发育于热带雨林地区,如非洲几内亚,亚洲的越南、老挝,南美洲委内瑞拉、巴西、苏里南,这与热带雨林充足的大气降水有关。大气降水为矿物质不饱和水,因此能够溶解大量的矿物质,带走风化层中稳定性差的矿物质。良好的排泄条件,使风化壳中可移动的矿物质被持续带出,而地表环境中最为稳定的铁、铝的氧化物被残留下来而成为铝土矿,干旱缺水地区及被水淹没的地区则不利于地表土层中可以移动元素的溶解、带出,不利于铝土矿的形成,矿床只有位于岩溶水位以上时才能发生淋滤和排泄,位于地下水位之下的矿床,岩石饱含停滞或流动非常缓慢的地下水,铝土化作用大大减弱或完全停止。很难想象铝土矿化作用会发生在海洋或潟湖里,因为铝土矿化需要强烈的渗流。

石炭纪,华北整体上处于赤道附近热带雨林地区,降雨量较高,在大气降水的作用下,碳酸盐岩发生红土化作用,铝质富集,为铝土矿提供成矿物质。华北地区呈现出略高于海平面的碳酸盐岩台地状态,发育岩溶地貌。岩溶洼地发育岩溶集、排水系统,是铝土矿形成最为重要的因素,导致成矿物质聚集和铝土矿化。

17.6　气　候

高温多雨的气候对于铝土矿的形成是极为有利的。现代红土型铝土矿主要分布在南北纬30°范围内的南美、西非、东南亚、印度、澳大利亚等地的热带雨林地区。

17.7 氧 化

还原条件及大气的作用氧化环境有利于铁的氧化而发生沉淀,还原环境有利于铁的迁移。铝土矿主要成分有 Al、Si、Fe、Ti 等,氧化还原环境通过对铁沉淀和迁移的影响对铝土矿成矿过程产生影响。在氧化环境下,铁明显富集,大多数的红土型铝土矿,剖面上表现出从上到下铁质带、铝质带和高岭土带的明显分带,铁富集于氧化作用最强的上部。还原环境下,铁容易迁移,而铝相对富集,澳大利亚米切尔高原、苏里南海岸带的局部沼泽地区由于富含腐殖质的水淋滤渗透,铝土矿中的铁发生强烈的淋失,与腐殖质水引起的还原环境有关。河南省西北地区铝土矿低铁 Al_2O_3 和 TiO_2 含量呈正相关,主要颜色呈灰色的特征,明显是还原环境的产物。

石炭纪植物在陆地上大规模出现,大气圈成分发生了明显的改变。作为植物光合作用的结果,大气中二氧化碳明显减少,而氧的含量明显增加。有关研究表明,古生代大气中二氧化碳远高于现代大气,晚石炭世才接近现代大气;氧含量从中泥盆纪起上升,至早二叠纪止,其间在石炭纪含量最高。这一期间与显生宙时全球铝土矿的首次大范围生成正好吻合。

氧化环境有利于铝土矿形成,大气中氧的增加,使得大气圈、岩石圈中的硫化物、有机物等氧化,形成酸性的地表、地下水,有利于岩石化学风化作用的进行和红土中硅及其他元素的溶解带出。

高含氧的大气圈的出现是河南省西北地区铝土矿形成的重要因素之一。河南省西北地区铝土矿矿区普遍出露铁质黏土页岩,常常呈红色、红褐色、黄色等,在下冶、雷沟、曹窑矿区的钻孔本溪组下段常出现红色、红褐色的铁质黏土页岩、赤铁矿。其中雷沟矿区 ZK7614 钻孔 276.86 ~ 278.4 m 出现红褐色铁质黏土岩;曹窑矿区 ZK19867 钻孔 332.33 ~ 333.66 m 为红褐色铁质泥岩、ZK20679 钻孔 349.65 ~ 353.65 m 出现的褐色铁质黏土岩中见赤铁矿;沟头矿区 ZK6480 钻孔红褐色的铁质黏土岩出现深度为 649.93 ~ 652.93 m,说明河南省西北地区铝土矿形成时氧化作用的强烈和普遍。

17.8 海洋的作用

晚石炭世海侵对河南省西北地区铝土矿成矿系统的发生、发展、结束有明显的控制作用。河南省西北地区太原组以含海相灰岩为特征,主要岩性有海相灰岩、砂岩、黏土岩等,是典型海侵产物。

海侵是逐步发生的,海侵的早期表现为地下水面的抬升、降雨的增加,降雨的增加对于铝土矿的形成是有利的;但是海侵导致地下水基准面抬升,使得岩溶洼地洼斗中的排泄系统因地下水面抬升而逐渐减弱,从而在铝土矿层上出现硅含量较高的低品位铝土矿及黏土页岩等;最后完全停止,铝土矿含矿岩系上部普遍出现的碳质页岩、煤层是海平面上升,陆地沼泽化的结果,沼泽化的发生,水流排泄不畅,岩溶洼地中铝土矿成矿系统受到减弱或停止。海侵带来的地下水面的升高,对碳酸盐岩地表剥蚀及岩溶地貌的发育显然有重要影响,地表剥蚀及岩溶地貌对河南省西北地区铝土矿的成矿具有重要意义。

海侵带来了铝土矿上覆太原组的沉积,对铝土矿保存具有重要意义。

17.9　生物作用

现代铝土矿主要形成于热带雨林地区,与热带雨林地区生物的作用是分不开的,生物对铝土矿形成的作用表现在如下几个方面:

(1)形成和保存土壤。生命活动对地表土壤层的形成与保存有重要的影响,植物的根和土壤细菌及其分泌物能够破坏母岩的原生矿物,是地表风化层土壤形成的主要力量;植物能够减少大气降水、地表水对地表土壤层的直接冲刷,保护土壤层。即使在陡坡上,茂密的植被也能保护铝土矿床免遭侵蚀。

(2)改变流体的性质和循环。植被能够阻止地表水的强烈蒸发,增加空气的湿度和降水,植物及其落叶形成的腐殖层能够吸收大量的水分,能够截流地表径流、阻滞地表水的流动,加强地表水的下渗作用,使得水圈向更有利于化学风化的方向发展。生命活动释放的 CO_2 是地下水中 CO_2 的主要来源,生物的分泌物及分解物对水体的化学性质有明显的影响。

(3)改变微观环境的性质。植物能够保持大气湿度和温度,植物光合作用生产大量的氧气,改变大气中氧的含量。

(4)影响风化作用的时间和方式。地表植被及落叶层的保护使得地表土壤剥蚀速度变慢,茂密的植被能够阻滞地表土层的移动,机械剥蚀变弱,保护地表风化物质;植物及落叶形成腐殖酸是化学风化作用的重要介质。

(5)直接参与成矿作用。植物吸收相对较多的硅质,相当于风化层的去硅作用。植物的根系产生的局部的还原环境,导致铁的流失,澳大利亚米切尔高原、苏里南海岸带的局部沼泽地区由于富含腐殖质的水淋滤渗透,铝土矿中的铁发生强烈的淋失。

石炭纪是地球上铝土矿首次大规模出现的历史时期,同时又是地球陆地上首次出现大规模的森林的地质历史时期,是地史上第一次大规模的成煤期。河南省西北地区铝土矿和煤、炭质页岩具有密切的空间关系。陕县王古洞、渑池雷沟、曹窑煤矿深部、沁阳市虎村、济源下冶的本溪组上段炭质页岩广泛出现,部分钻孔出现质量较好的煤层。曹窑矿区有 14 个钻孔在本溪组上段出现厚度较大煤层,最厚达 7.65 m,ZK22263 钻孔中铝土矿夹 1.55 m 厚的煤夹层,ZK34255 钻孔出现黑色炭质铝土矿,见植物茎、叶化石,Al_2O_3 含量高达 61.52% ,A/S 为 6.4。

渑池县雷沟矿区的 DZK0905、ZK3206、ZK4307、ZK4504 等多个钻孔出现铝土矿和煤层、炭质页岩交替出现的情况,其中 ZK4504 铝土矿体中煤层厚度达 4 m。伊川县老君堂矿区铝土矿层位下出现含植物化石的炭质黏土岩。府店矿区钻孔铝土矿的颜色呈黑色。虎村矿区本溪组上段炭质页岩中普遍含有薄层煤。植物光合作用最重要的后果是大气中游离氧的大量增加,从而使岩石、水体、大气中的硫化物、有机物等氧化,形成无机酸及腐殖酸;另外,植物及其落叶形成的腐殖物能够产生大量的游离 CO_2,细菌的生命活动也产生游离 CO_2,导致水体酸性增加,有利于岩石中钾、钠等金属及铁质、硅质的溶解带出,有利于铝土矿的富集成矿。高道德1996年在研究贵州铝土矿时注意到富铝低硅低铁的铝土矿一般隐伏在沼泽相沉积之下,而高铁铝土矿其上覆沉积物不是沼泽相。并通过有机酸淋滤试验,验证了有机酸溶液可以去铁、富铝。河南省西北地区铝土矿具有低铁、Al_2O_3和TiO_2含量呈正相关、主要颜色为不同程度的灰色的特征,显示出植物及腐殖质引起的还原环境对河南省西北地区铝土矿去铁、去硅起了重要的作用。

生物活动对岩溶的形成具有重要作用,生命活动产生的土壤层中游离CO_2及有机酸,植被覆盖能够增加空气湿度和降水,能够截留径流,减弱地表径流流速,加强下渗作用等都促使岩溶的发育。岩溶作用形成的洼地、洼斗是河南省西北地区铝土矿赋存的主要场所。我国华北铝土矿大都形成于晚古生代,当时正是古大陆最早出现陆生生物的时代(特别是植物),植物及其衍生的有机质在温热的气候带和稳定古陆背景条件下,大大加强了表生化学风化作用及岩溶喀斯特,形成厚度巨大的Al_2O_3风化壳和喀斯特再沉积碎屑状、鲕豆状铝土矿及山西式铁矿。

植物和土壤的形成、富含氧气的大气的形成、岩溶作用与成矿有密切的关系,植物加速了化学风化作用,减缓了机械风化作用,有利于铝土矿形成,生命活动及腐殖质通过岩溶洼斗中水体直接参与了铝土矿的富集和成矿。为此,石炭纪,植物在陆地上的大规模分布和河南省西北地区石炭纪铝土矿形成时间上的密切关系不是偶然的。

17.10　岩溶作用

河南省西北地区铝土矿形成于寒武—奥陶系碳酸盐岩的古风化剥蚀面上,该风化剥蚀面上岩溶地貌发育。河南省西北地区古岩溶地貌主要有岩溶漏斗、落水洞、岩溶洼地等,规模较大的岩溶盆地、岩溶槽谷较为少见。河南省西北地区岩溶漏斗,深度较大的达100 m左右,为较为强烈的岩溶地貌。岩溶洼斗、洼地往往与深部的地下河相连接,形成岩溶地貌排水系统。在下冶等地的铝土矿勘探中,岩溶洼斗底部往往有溶洞发育,规模较大者,高度可达10 m以上。

河南省西北地区铝土矿矿体赋存于岩溶地貌的洼地洼斗中,铝土矿的厚度、品位和岩溶地貌的深度有明显的关系,在地势平坦的洼地中,铝土矿厚度小,走向及倾向延伸大,矿体呈层状;在地势高差较大的岩溶洼斗中,矿体厚度大、品位高,但是延伸有限,矿体呈洼斗状;在地势较高的位置,铝土矿及本溪组含矿岩系厚度薄甚至消失。岩溶地貌对铝土矿的成矿具有极为重要的意义。

17.11　结　论

河南省西北地区铝土矿石炭纪成矿系统的控制因素复杂,地球系统所有圈层,全部参与并均具有极为重要的意义,风化作用、沉积作用、构造运动、水文地质运动、生物、气候、大气、地貌、岩溶作用等在河南省西北地区铝土矿成矿系统中均具有极为重要的作用,这些作用又相互联系、相互影响,构成一个复杂的铝土矿成矿系统。

第18章 铝土矿综合开发利用研究

18.1 开采利用现状

由于铝土矿形成过程复杂,具有多源、多态、多相和多变的特征,导致铝土矿地质形态复杂,给铝土矿地质研究和开发利用带来困难;加上开发利用过程中的社会环境与经济条件的复杂性,铝土矿开采利用中存在诸多问题。最为迫切的是采场矿源枯竭,开采成本高;随着我国经济的快速发展,我国铝土矿的开采量也将会不断增加,铝矿石储量与资源需求量的矛盾也会逐渐显现出来;氧化铝企业是资源型企业,铝土矿选矿一直是发展氧化铝的瓶颈问题,铝土矿选矿工艺要求提供铝硅比为 5.0 左右的低品位矿石,铝硅比为 8.0 左右的高品位铝矿石可直接用于氧化铝冶炼。矿石的低成本开发并不理想,收富矿拒贫矿,导致资源浪费,经营成本居高不下。近年来,国有矿山的投入严重偏少,设备老化严重,加之我国特有的沉积型矿床产状较复杂,导致矿石的回收率和贫化率指标偏低。我国许多铝土矿资源需利用地下开采的矿山,大部分属于难采矿床,以往铝土矿地下矿山在开采过程中遇到的问题较多,技术不成熟,突出体现在地下开采回收率只有 30% ~ 50%,资源损失浪费严重。因此,我国铝土矿在开发利用过程中普遍存在着资源短缺、资源浪费以及综合利用效率低等诸多问题。

18.2 高岭土选矿的可行性

高岭土是一种重要的非金属矿产资源,是一种以高岭石及高岭石族矿物为主,并含有多种其他矿物的土质岩石,因首次发现和使用地在我国江西省景德镇的高岭村而得名。高岭土常呈致密块状、土状及疏松状,质纯者呈白色,含杂质者可呈灰、黄、褐、红、蓝、绿等色,珍珠光泽或无光泽,土状断口,比重为 $2.2 \sim 2.6 \ g/cm^3$,摩氏硬度 $1 \sim 2.5$,吸水性强,在水中可解离成小片状颗粒并能悬浮于水中,可制成胶泥,具有良好的可塑性,黏结性能好。

高岭土的化学式为 $Al_2O_3 \cdot 2SiO_2 \cdot 2H_2O$,理想化学成分为:$Al_2O_3$,39.50%;$SiO_2$,46.54%;$H_2O$,13.96%;$SiO_2/Al_2O_3$ 的分子比为 2。高岭土的主要成分是 SiO_2 和 Al_2O_3,还含有少量的 Fe_2O_3、TiO_2、MgO、CaO、K_2O 和 Na_2O 等成分。高岭土具有很多优异的理化性质和工艺特性,如可塑性、黏结性、烧结性、耐火性、绝缘性、吸水膨胀性以及化学稳定性等,广泛应用于石油化工、造纸、功能材料、涂布、陶瓷、耐火材料等领域,并且随着现代科技的进步,高岭土的新用途还在不断地拓宽,在尖端技术领域,高岭土是原子反应堆、喷气式飞机、火箭燃烧室的耐高温复合材料的主要成分,成为人类生活和生产中不可缺少的一种重要的矿产资源,在国民经济中发挥着越来越重要的作用。高岭土大部分具有粒度细、白度高、晶形为片状等优点,但由于高岭土中含有铁、钛等杂质常使高岭土着色,影响其烧结白度及其他性能,限制了高岭土的应用。因此,对高岭上成分的分析及其除杂技术的研究显得尤为重要。

高岭土是河南省西北地区的优势矿产之一。由于河南省西北地区高岭土资源含杂质较高,煅烧后白度不够,影响了其应用领域,高岭土矿企业目前仍处在销售原矿或简单焙烧、手选后出售状态,销售价格低廉。今后应从矿物改型改性方面入手,用先进的工艺方法提纯获得优质高岭土,同时应在精加工譬如超细粉磨等方面发展,将高岭土资源优势转化为经济优势。

本次研究用化学法和物理化学相结合的方法降低高岭土染色物质 Fe_2O_3 的含量,提高高岭土的白度。

18.2.1 高岭土的成分与结构

高岭土是以高岭石亚族矿物为主,并含有多种黏土矿物和少量碎屑矿物的岩石。高岭石族矿物共有高岭石、地开石、珍珠石、7 Å 埃洛石、10 Å 埃洛石等 5 种。

高岭石是由一层 Si—O_4 四面体和一层 Al—O_6 八面体通过共同的氧离子互相联结而成的,属 1:1 型二八面体的层状硅酸盐(见图 18-1),四面体尖顶上的氧离子都向着八面体,八面体中只有 2/3 的位置被铝离子所占据,结构单元层完全相同,单位构造高度为 0.7 nm,层间以氢键相联结,无水分子和离子。由于高岭石晶层间没有阳离子,故 O^{2-} 离子面和 OH^- 离子面直接重叠,使层与层之间靠氢键联结起来,故高岭土显得比较结实,既无膨胀性也无离子交换能力。它的理想结构式为 $Al_4(Si_4O_{10})(OH)_8$,或 $2Al_2O_3 \cdot 4SiO_2 \cdot 4H_2O$,故硅铝比 $SiO_2/Al_2O_3 = 2:1$,其理论上的组成是: $SiO_2$46.54%, $Al_2O_3$39.50%, H_2O13.96%。高岭石为三斜晶系,一般为无色至白色的细小鳞片,单晶呈假六方板状或书册状,平行连生的集合体往往呈蠕虫状或手风琴状,粒径以 0.5~2 nm 为主,个别蠕虫状可达数毫米。

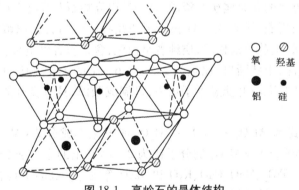

图 18-1 高岭石的晶体结构

高岭土主要由小于 2 μm 的微小片状或管状高岭石族矿物晶体组成,其化学成分主要是 SiO_2、Al_2O_3 和 H_2O,纯净的高岭土成分接近于高岭石的理论成分,由于各种杂质的影响,因此往往含有害组分 Fe_2O_3、TiO_2、CaO、MgO、K_2O、Na_2O、SO_3 等。有害组分 Fe_2O_3、TiO_2 一般在沉积矿床含量较高,其次是风化型高岭土,蚀变型矿床中铁质含量最少。高

岭土的 K_2O、Na_2O 含量在风化型矿床中较多,一般为 2% ~7% ,随深度增加而升高。

1. 高岭土的矿物组成

高岭土的矿物组成有黏土矿物和非黏土矿物两类。黏土矿物主要是高岭石族矿物,其次是少量的水云母、蒙脱石和绿泥石。非黏土矿物主要为石英、长石和云母,此外还有铝的氧化物和氢氧化物、铁矿物(褐铁矿、白铁矿、磁铁矿、赤铁矿和菱铁矿)、钛的氧化物(钛铁矿、金红石、白榍石)、有机物质(植物纤维、有机泥炭及煤)等。决定高岭土性能的主要是黏土类矿物。

2. 高岭土的结构

高岭土中常见的结构有凝胶状结构,颗粒极细而致密;泥质结构,矿石中小于 0.01 mm 以下颗粒占绝大多数;粉砂泥质或砂泥质结构,指矿石中含 25% ~50% 的砂或粉砂;植物泥质结构,指矿石中含有机质植物残体等;变余结构,指蚀变高岭土中常有变余凝灰或变余斑状等结构。高岭土中常见的构造有皱纹状或条纹状构造、角砾状和斑点构造等。

3. 高岭土的分类

高岭土的矿石类型可根据高岭土矿石的质地、可塑性和砂质的含量划分为硬质高岭土、软质高岭土和砂质高岭土三种类型,见表 18-1。

表 18-1　高岭土的分类

类型	硬度	可塑性	砂质含量
硬质高岭土(高岭石岩)	质硬(硬度 3 ~4)	无,粉碎磨细后具可塑性	
软质高岭土(土状高岭土)	质软	较强	<50%
砂质高岭土	质松软	较弱,除砂后较强	>50%

18.2.2　高岭土的工艺物理性能

质纯的高岭土具有白度高、质软、易分散悬浮于水中、良好的可塑性和高的黏结性、优良的电绝缘性能、良好的抗酸溶性、很低的阳离子交换量、较高的耐火度等物理化学性能,根据目前高岭土的用途,其工艺物理性能主要包括粒度分布,白度,可塑性和结合性,黏性和触变性,干燥性能,烧结性能、耐火度和热载重,悬浮性和分散性,可选性,离子吸附性及交换性等。

1. 粒度分布

粒度是颗粒大小的定性概念,可分为原矿粒度(天然高岭土的粒度)和工艺粒度(加工后产品的粒度)。高岭土的矿物颗粒一般很细小,多在 2 μm 以下。煤系高岭岩经成岩作用和后生作用后,细小的高岭石紧密地镶嵌在一起,形成坚硬的岩石。

2. 白度

白度分为自然白度(又称原矿白度)和烧后白度(又称熟料白度)。自然产出的高岭土一般含有铁、钛、炭等杂质,呈黄色、灰色、黑色等。煅烧条件下着色的一般规律是 600 ~

900 ℃温度下样品因 Fe_2O_3 染色而呈红、黄等暖色调；1 000 ℃以上温度下煅烧，Fe_2O_3 分解，含铁高的样品呈灰色；在 500 ℃以下温度很难将炭烧掉，样品呈灰色。一般情况是温度越高，白度也越高，但高温会破坏高岭岩中 Al_2O_3 和 SiO_2 组分的活性，也会改变高岭石矿物的片状形态。因此，煅烧温度不能太高。当高岭岩用作陶瓷原料时，以 1 300 ℃煅烧白度为分级标准。

3. 可塑性和结合性

物料与水结合形成泥，在外力作用下能够变形，外力除去后仍能保持这种形状不变的性质即为可塑性。结合性是指高岭土与非塑性原料相结合，形成可塑泥团，并具有一定干燥强度的性能。一般的高岭土都具有良好的可塑性和结合性。

4. 黏性和触变性

黏性可解释为液体对流动的阻抗，其大小用黏度来表示。黏度不仅是陶瓷工业的重要参数，对造纸工业的影响也很大。在造纸涂料制备及涂布过程中，为了得到良好的涂布质量，要求涂料具有适度的黏度和流动性，以保证涂布过程中涂料在纸面上的流平、涂料的迁移及涂料与原纸的结合。

触变性是指已稠化成凝胶状不再流动的泥浆（悬浮液）受力（搅拌、震动等）后变成流体，静止后又逐渐稠化成原状的特性。在陶瓷工业中希望泥料有一定的触变性，过小则生坯强度不够，过大则影响在运输管道中流动和注浆成型后易变形。

5. 干燥性能

干燥性能指高岭土泥料在干燥过程中的性能，包括干燥收缩、干燥强度和干燥灵敏度。

干燥收缩指高岭土泥料在失水后产生的收缩。高岭土泥料一般在 40～60 ℃，至多不超过 100 ℃温度下就发生脱水而干燥，因水分排出，颗粒距离缩短，试样的长度及体积就要发生收缩。

干燥强度是指泥料干燥至恒重后的抗折强度。

干燥灵敏度指坯体在干燥时可能产生的变形和开裂倾向的难易程度。灵敏度越大，在干燥过程中越容易发生变形和开裂。

6. 烧结性能、耐火度和热载重

烧结性能包括烧成收缩、烧结温度和烧结范围等。

烧成收缩是指陶瓷半成品在高温后所发生的尺度变化，是陶瓷生产中的一个重要参数。烧成收缩过大或不均匀都会导致制品的变形或破裂。烧成收缩与高岭土的化学成分、矿物成分及焙烧温度、速率、气氛等条件有关。高岭土的烧成收缩通常为 8%～11%，有时可达 15% 以上，如埃洛石和 b 轴无序高岭石为主的高岭土。

粉状高岭土或粉状坯体加热至接近其熔点时，物质自发地充填颗粒间空隙而致密化，其气孔率降到最低，密度达到最大时的状态称为烧结状态，相应的温度则称为烧结温度。从烧结温度开始继续加热，高岭土或坯体的体积、密度等没有显著变化的稳定阶段，以后随着加温开始出现软化熔融，这时的温度称为耐火度。在烧结温度和耐火度之间称为烧结范围。实践表明，高岭土纯度越高，其烧结温度和耐火度也越高。高纯度的高岭土的耐火度可达 1 700 ℃。

热载重指高岭土在高温下的力学强度,以各种温度下试块可耐重量的最大值表示,是陶瓷和耐火材料等行业所关注的一项工艺性能。

7. 悬浮性和分散性

悬浮性和分散性指高岭土分散于水中难以沉淀的性能,又称反絮凝性。一般颗粒越细,悬浮性越好。用于搪瓷工业的高岭土要求具有良好的悬浮性。

8. 可选性

可选性是指高岭土矿石经手工挑选、机械加工和化学处理,以除去有害杂质,使质量达到工业要求的难易程度。高岭土的可选性取决于有害杂质的矿物成分、赋存状态、颗粒大小等。

9. 离子吸附性及交换性

高岭土具有从周围介质中吸附各种离子及杂质的性能,并且在溶液中具较弱的离子交换性质。这些性能的优劣取决于高岭土的矿物成分。

18.2.3 高岭土的应用

高岭土是以高岭石族矿物为主组成的黏土或者岩石的总称,高岭石族矿物有珍珠石、地开石、高岭石、埃洛石四种,均属层状硅酸盐矿物,其中以高岭石和埃洛石为主。因为最先是在景德镇的高岭村发现和使用,所以就叫高岭土。

高岭土在造纸工业的应用十分广泛。主要有两个领域:一是在造纸过程中作为填料使用,二是在表面涂布过程中作为颜料使用。高岭土还是生产陶瓷的主要原料,在冶金工业用作耐火材料,在化学工业中少量掺入塑料和橡胶作为填料使用。随着国民经济各领域的日益发展,人们越来越重视高岭土的深度加工,因为这样不仅可以获取新的具有特殊性能的材料,而且还可提高经济效益。对高岭土进行深加工的方法之一,是将已淘洗和初步烘干粉磨的高岭土进一步加热、焙烧、脱水,使其变成偏高岭土,用作电缆塑料的填料,以提高电缆包皮的绝缘性能。高岭土是近来开发的一种新型橡胶制品填充剂。但是高岭土的所有应用都必须经过加工成为细粉,才能加入到其他材料中,完全融合。

高岭土由于具有很多物化特性和工艺性能,用途非常广泛。目前高岭土比较重要的应用领域就有十几种,见表18-2。

表18-2 高岭土应用简表

应用范围	主要用途
陶瓷工业	主要用于日用陶瓷、建筑陶瓷、卫生陶瓷、电瓷、无线电瓷、工业陶瓷、特种陶瓷及工艺美术陶瓷
造纸工业	用作造纸的填料和涂料
橡胶工业	用作橡胶制品的填充或补强剂
搪瓷工业	白度高、粒度细、悬浮性能好的高岭土,用作搪瓷制品的硅酸盐玻璃质涂层
耐火材料工业	多熟料耐火材料、半酸性耐火材料等
环保及化学工业	生产聚合铝,处理工业生活用水,制取矾、氯化铝和其他化学药剂

应用范围	主要用途
石油工业	制造各种类型的分子筛,作石油冶炼的催化剂
洗涤剂	洗涤剂用4A沸石、代替三聚磷酸钠作洗衣粉助剂
黏合剂	制作砂轮,用于油灰、嵌缝料、密封料
油漆涂料	用作填充剂,具有良好的遮盖能力
化妆品工业	与香精配制成各类化妆用品,白而光滑
塑料工业	与有机物组成黏性复合体,耐磨、耐酸碱、抗老化
人造革工业	填充补强剂
玻璃纤维工业	作为增强材料与树脂复合成玻璃钢
水泥工业	一般用于制造白水泥、混凝土添加剂
纺织工业	作纺织品的涂料、吸水剂、漂白剂
汽车工业	汽车装燃料的陶瓷容器,用于控制燃料,制造轿车陶瓷部件
农业	用作化肥、农药(杀虫剂)的载体
建材	高岭土尾砂制造蒸压灰砂砖墙地砖、沥青油毡等
冶金	制取冰晶石、氧化铝和氢氧化铝,提取锗、钛等
其他	颜料、文具、墨水、油墨、胶料、食品添加剂、动物饲料、吸附剂、过滤剂、铸造等

随着科学技术的不断发展,高岭土的应用范围也在不断扩大和创新,在国民经济中发挥着越来越重要的作用,并向高、精、尖领域渗透。

18.2.4 高岭土中铁的赋存状态分析

高岭土中的染色杂质,主要是铁、钛矿物和有机质。铁和钛多以赤铁矿、针铁矿、硫铁矿、菱铁矿、褐铁矿、锐钛矿及钛铁矿等矿物形态存在。

除铁方法随铁在高岭土中赋存状态的不同而不同,要选择合理的除铁方法,必须先查明高岭土中铁的赋存状态。

当影响高岭土白度的是铁的三价氧化物时,即铁离子以 Fe_2O_3 形式存在时,采用 $Na_2S_2O_4$ 与其反应将 Fe^{3+} 还原成二价铁盐,经过漂洗,过滤除去;当影响高岭土白度的是 Fe^{2+},即铁离子以 FeS_2 形式存在时,还原漂白不能达到理想的效果,应采用氧化剂与其反应将其氧化成可溶性硫酸亚铁和硫酸铁,使其变成易被洗去的无色氧化物;当影响高岭土白度的是 Fe^{3+} 和 Fe^{2+} 时,应采用氧化 – 还原联合漂白,先用氧化剂氧化 Fe^{2+} 成为 Fe^{3+},再用还原剂将其还原为 Fe^{2+},经过漂洗,过滤除去。根据铁不同的赋存状态选择不同的漂白方法,可提高漂白剂的使用效率,提高高岭土的白度。

根据某高岭土铁、钛物相分析,风化型高岭土中铁的赋存状态有两种,即结构铁和游离铁。结构铁存在于高岭石晶格中,以 Fe^{3+} 置换八面体中的 Al^{3+},分为处于斜方晶场对称的结构铁 I 和处于更高晶场对称的结构铁 E。结构铁含量(Fe_2O_3)0.081% ~ 0.122%,其中,I 铁含量 0.031% ~ 0.055%,E 铁含量 0.050% ~ 0.067%。I 铁和 E 铁含量均与高岭石结晶度指数呈密切负相关,而 E 铁和 I 铁含量比值与高岭石结晶度指数呈正相关。游离铁以杂质形式存在,含量(Fe_2O_3)0.467% ~ 0.648%,主要为赤铁矿、褐铁矿和针铁矿,所以采用化学漂白最经济、有效,也被广泛采用。

18.2.5 高岭土除铁增白技术研究现状进展

1.高梯度磁选技术

几乎所有的高岭土原矿都含有少量(一般为 0.5%～3%)的铁矿物,主要有铁的氧化物、钛铁矿、菱铁矿、黄铁矿、云母、电气石等。这些着色杂质通常具有弱磁性,可用磁选方法除去。磁选是利用矿物的磁性差别而在磁场中分离矿物颗粒的一种方法,对除去磁铁矿和钛铁矿等强磁性矿物或加工过程中混入的铁屑等较为有效。对于弱磁性矿物,一种方法可以先焙烧,待其转变成强磁性氧化铁后再进行磁选分离;另一种方法就是采用高梯度强磁场磁选法。

高梯度强磁场磁选法有两大特点,一是具有能产生高磁场强度(1 T 以上)的聚磁介质(一般为钢毛),二是有先进的螺丝管磁体结构。在较高的磁场强度下,不锈钢导磁介质表面产生很高的磁场梯度,能分离微米级顺磁性物料,高梯度磁分离技术对于脱除有用矿物中弱磁性微细颗粒甚至胶体颗粒十分有效。

2.超导磁选

随着高岭土矿体不断开采,高岭土原矿的质量逐渐降低,赋存于高岭土中的铁钛矿物的粒度也越来越小,高梯度磁选机也无法将几个微米下的弱顺磁性矿物分离出来。据报道,目前国外已有 10 多个国家正从事用超导磁选机对高岭土进行除铁、钛的研究。

高岭土比较适合用高梯度超导磁选机,这种磁选机可处理几个微米或亚微米级别极弱的顺磁性矿物。超导磁选机能长期运转,与常规磁选机相比,降低电耗 80%～90%,仅此一项每年可节约 15 万美元,其占地面积为原来的 34%,重量为原有的 47%;另外,其还具有快速激磁和退磁能力,可使设备减少分选、退磁和冲洗杂物所需的时间,从而大大提高了矿物的处理量,此设备处理能力为 6 t/h。

3.化学漂白除铁

对于一些牢固覆盖在高岭土颗粒表面的氧化铁,采用磁选、浮选方法是很难将其去掉的,这就必须采用化学漂白法进行处理。化学漂白法就是采用化学方法溶出铁、钛等着色杂质再漂洗出去。常用的具体方法有还原法、酸溶法等。

(1)还原法。

此法的实质就是使高岭土中难溶性的 Fe^{3+} 还原成可溶性的 Fe^{2+},而后洗涤除去,从而提高高岭土的白度。这是高岭土工业中传统的除铁方法。在漂白前矿浆流入搅拌机搅拌,并要加入絮凝剂絮凝后,再进行漂白。常用的还原剂有连二亚硫酸钠(又称保险粉)、硫代硫酸钠、亚硫酸锌等,还原的主要反应式如下:

$$Fe_2O_3 + Na_2S_2O_4 + 3H_2SO_4 = Na_2SO_4 + 2FeSO_4 + 3H_2O + 2SO_2$$

影响漂白效果的因素有很多,如矿石的特征、温度、pH、药剂用量、矿浆浓度、漂白时间、搅拌强度等。若矿石中杂质呈星点状、浸染状,含量低,那么可以得到较好的漂白效果,白度显著提高。若矿石中含有机质、杂质含量高,那么漂白效果差,白度提高的幅度不大。漂白过程一般宜在常温下,温度太高,虽然能加快漂白速度,但热耗量大,药剂分解速度过快,造成浪费并污染环境;温度过低,反应缓慢,生产能力下降。矿浆的 pH 值调整到

2~4时,漂白效果最佳。药剂用量方面,一般随着用量的增大,漂白速度加快,白度也随之提高,但达到一定程度时,白度不再增长。矿浆浓度以12%~15%为宜。漂白时间既不能过长,也不能太短,时间过长既浪费药剂,又降低了高岭土的质量,因为空气中的氧会导致 Fe^{2+} 氧化成 Fe^{3+};时间过短,白度达不到要求。反应完毕后,应立即进行过滤洗涤;否则,表面会逐渐发黄。

(2)酸溶法。

酸溶法就是用酸溶液(盐酸、硫酸、草酸等)处理高岭土,使其中不溶化合物转变为可溶化合物,而与高岭土分离。用盐酸处理高岭土需在90~100 ℃下持续3 h,一份高岭土需配一份5%的盐酸溶液,处理过后用水冲洗,直至水中无铁的痕迹。一般为了使杂质充分溶解,可同时加入氧化剂(过氧化氢等)或还原剂(氯化亚锡、盐酸羟胺等)。酸溶漂白的效果与铁矿物的赋存状态、酸的用量、反应温度等有关,呈浸染状赋存于高岭土表面的赤铁矿易溶于盐酸而被除去,含钛矿物的高岭土很难用此法除去杂物而提高白度。

用硫酸处理高岭土,需在压力为 2×10^2 Pa 的压力锅中持续2~3 h,采用8%~10% H_2SO_4 溶液且须过量,处理后洗去 Fe 和剩余酸,用这种方法可除去高岭土中约90%的 Fe_2O_3。采用比例为1:2的浓硫酸和硫酸铵的混合液在100 ℃下处理高岭土持续2 h,过滤悬浮液并用硫酸清洗,钛、铁杂质都可清除。

用0.1%~0.5%的草酸或草酸钠的热溶液,可使赋存于磨细的高岭土颗粒表面的铁钛化合物溶解而除去。

据资料,国外的高岭土的漂白研究又有了新的进展,如向高岭土粉末中加入氯化铵,在加热到200~300 ℃时与高岭土中的铁反应,冷却后,用稀盐酸浸出生成物,即可漂白。但目前仍处于试验阶段,漂白需在高温密闭条件下进行。

(3)氯化法。

影响煅烧高岭土白度的主要因素是矿石中含有的铁和有机质,其中的铁主要以 Fe_2O_3 的形式存在。刘文中等采用氯化焙烧工艺除去其中的铁。有机质在高温下被氧化为 H_2O 和 CO_2 排出。Fe_2O_3 在一定温度和还原条件下与加入的氯盐反应,生成 $FeCl_2$。气态铁的氯化物由料层表面逸出,在一定的 CO_2 气体流量下被带走排出。煤系高岭土在煅烧过程中炭参与还原反应,促进三价铁的还原,从而有利于氯化法除铁。保持一定的 CO_2 流量有利于氯化反应的气氛并及时带走生成的铁的气态氯化物。采用氯化焙烧工艺可以将煤系高岭土中的铁氧化物含量降到0.3%以下,脱除率达70%以上,煅烧高岭土的白度提高到90以上,而且扩大试验与小型试验的结果一致,显示出此方法在煤系高岭土的开发利用和深加工中的广阔应用前景。

(4)生物除铁。

不同种类的微生物(细菌、真菌等)具有从氧化铁(褐铁矿、针铁矿等)中溶解铁的能力,利用微生物这种溶铁能力,可将高岭土中所含的铁杂质除去。目前已研制出一种两步处理方法:首先制备培养液(浸出剂),浸出剂是将菌株在30 ℃下置于营养媒介中培养而成的。1 L营养媒介中含有3 g NH_4NO_3、1 g KH_2PO_4、0.5 g $MgSO_4 \cdot 7H_2O$ 和每升天然水中不等量的糖蜜。媒介最初的pH值约为7,这类微生物在表面或水中生成,培养所需的时间取决于培养方法和介质中糖浆的初始浓度,一般为5~14 d,当糖浆的初始浓度高于

150 g/L 时,最终的 pH 值总是小于 2,浸出剂中有机酸的浓度约大于 40 g/L。草酸与柠檬酸的含量之和占整个有机酸含量的 95% 以上,在人工合成的含同量有机酸的浸出剂中加盐酸酸化至 pH = 0.5,也可取得同样的浸取效果。浸出剂制备好后,在 90 ℃ 下用浸出剂浸出高岭土,在适当的时间内可以浸出高岭土中的部分铁。

18.2.6　高岭土增白技术中存在的问题

高岭土的增白方法通常利用还原漂白剂(连二亚硫酸钠)将 Fe^{3+} 还原成可溶性的 Fe^{2+},再通过洗涤作业将其除去,其不足之处主要有四个方面:

第一,漂白以后,多数铁仍然遗留在高岭土中,不能满足特殊用途对铁含量的要求;

第二,由于多数铁还赋存在高岭土中,往往会产生返黄问题;

第三,漂白处理的废水中含有一定数量的铁,不能重复利用,排放后对环境造成比较大的污染,同时污染也影响了企业和社会的发展;

第四,影响漂白效果的因素很多,如药剂的选择、药剂用量、矿浆浓度、矿浆的 pH 值、温度、添加次数、时间等,不容易控制,成本较高。

所以,用化学法和物理化学相结合的方法降低高岭土染色物质 Fe_2O_3 的含量,提高高岭土的白度的同时,创造转化环境的化学溶液可以重复利用,达到不排放废水的目的,对环境不产生污染,减轻企业和社会负担。

18.3　高岭土系列产品

20 世纪 70 年代以前,软质黏土矿只作耐火材料用,其实软质黏土矿其矿物成分主要是高岭石,软质 I 级其化学成分和性能均可作高岭土使用。高岭土经除铁、增白、磨细,可生产造纸、颜料、填料等各类高岭土产品。

高岭土产品应用广泛,造纸工业是国外高岭土利用的主要领域,用量达 1 000 万 t 以上。在造纸业,高岭土主要用作填料和涂料,它可以提高纸张的密度、白度和纸面的平滑度,降低透明度,保证更好地吸收印色;在陶瓷业,高岭土主要用于各种陶瓷的配料;在油漆涂料业,以高岭土和煅烧高岭土作填料,用于醇酸涂料的内涂层以及水基涂料的增充剂;在塑料业,高岭土主要用于电缆聚氯乙烯外层填料,不仅可以降低成本,还能增加塑料外层电阻;在橡胶业,高岭土作填料,它是一种补强剂,能够提高橡胶的机械强度和耐酸性能,降低制品的成本。

20 世纪 80 年代,地矿部郑州矿产综合利用研究所对上刘庄软质黏土矿的综合利用进行过研究。经选矿中间试验研究,获得三种产品:①涂料级高岭土,用于造纸刮刀涂料,二级品,产率 37.44%;②填料级高岭土,用于橡胶、塑料、油漆填料,产率 29.17%;③耐火黏土,产率 33.2%。

其后又对王窑高岭土进行过研究,其中造纸用涂布级高岭土研究,白度、细度均已解决,只是流变性稍差。

目前,高岭土用于造纸涂料,解决流变性是关键。对造纸用涂布级高岭土流变性进行试验研究,可以考虑从以下几个方面入手:①提高煅烧高岭土的细度,在同等条件下,颗粒越细越易于流动,流变性越大,其白度亦相应提高,既满足了白度要求,又增加了流变性。②用配矿方式开发专用造纸涂布级高岭土,在原有高岭土的基础上,适量增加可提高流变性的其他矿物,如膨润土。同时,选用天然白度较高的高岭土加入,提高其白度,这样既提高了白度,又提高了流变性。③从南方购进高白度的天然高岭土调整专用高岭土的白度和流变性。④用树脂调节流变性,所谓流变性,是指涂布时料浆的流变性,它是由树脂和高岭土共同决定的,而树脂的流变性更具主导地位,树脂的流变性易于调节。在流变性未解决之前,高岭土的发展方向应是超细粉碎,它工艺流程简单,矿石经烘干、粉碎、改性、粉碎即得成品。粉碎后的高岭土,可广泛用于橡胶、油漆、涂料、造纸、塑料等行业,市场前景好,价格较高,有一定的经济效益。

"十三五"期间,焦作将完成 50 万 t 林纸一体化的大型纸业公司,重塑焦作纸业形象。若流变性问题解决,高岭土将大有用武之地,价值将数十倍增长。

高岭土还可生产聚合铝,它是一种无机高分子化合物,是优良的高效净水剂,成本低,生产工艺简单,经磨矿→焙烧→酸浸→净化→中和→聚合→干燥即可制成固体聚合铝。与常规净化剂硫酸铝相比,它具有用量少、矾花大、絮凝快等优点,可有效净化污水,对水中微生物、细菌、藻类的去除率达 90%,放射性物质去除率达 80%,能使造纸工业废水色度降低 80%,其净化效率是硫酸铝的 4 倍以上,可降低净水费用 4%。对环境污染治理有重要的社会效益和经济效益。

18.4　低品位铝土矿选矿的必要性和可行性

18.4.1　铝土矿质量要求

铝土矿作为氧化铝生产、耐火材料、刚玉型研磨材料和高铝水泥等的原料,广泛应用于冶金、建材等行业。作为冶金原料,国家对铝土矿制定有 GB 3497—83 标准。作为耐火材料原料,冶金工业部制定有部颁标准 YB2211—82、YB2212—82、YB2213—78 和 YB327—63 等。

18.4.2　铝土矿资源现状

当前铝工业持续发展面临的富矿资源不足问题已引起高度重视,要尽快采取相关措施,要加强对贫矿选矿技术的攻关和成果应用,走人造富矿之路;强化对铝土矿资源的管理与保护,统一执法,统一规划,协调管理,在沁阳西万设立铝土矿一级市场,进行配矿销售;开展铝土矿经济技术政策研究,合理确定河南省西北地区铝土矿开采的最低品位和最小规模,制定铝土矿品级税费征收标准,引导企业提高回采率,实现贫富兼采,综合利用;加快氧化铝企业的技术改造步伐,提高总体装备水平和资源有效利用程度,降低入选矿石的铝硅比;针对目前河南省西北地区地质勘查工作的现状,采取适当扶持和政策引导,加快对铝土矿资源的地质勘查步伐。

铝土矿做过专门普查的仅沁阳市煤窑庄铝土矿区一处,保有资源储量 210.86 万 t,其中,基础储量 89.61 万 t。由于该区铝土矿铝硅比不高,中州铝厂用矿主要由洛阳等地供应,区内所产铝土矿主要供中州铝厂在生产中作配料使用。随着中州铝厂选矿—拜耳法新工艺的采用,一些铝硅比小于6的贫矿石将可以得到利用。根据沁阳市国土资源局委托河南省地矿厅第二地质队对沁阳市境内的常平、窑头、煤窑庄等地黏土矿中存在的铝土矿按铝硅比大于4进行核算,共获资源储量687.8万t。因此,"十三五"期间应加强沁阳市前后和湾及簸箕掌等矿区铝土矿的勘查,为中州铝厂提供经济的资源保障。

18.4.3 铝土矿选矿的意义

作为冶炼金属铝原料的氧化铝的生产方法大致有碱法、酸法、电热法等。碱法是目前国内外氧化铝生产的主要方法,又分为拜耳法、烧结法、联合法三种。这三种方法对 A/S 的要求分别为 7 ~ 8、5 ~ 2.6、7 ~ 5。而氧化铝生产工艺中,拜耳法最为简单,氧化铝的回收率较高,且成本较烧结法低 20% ~ 25%,拜耳法也是铝工业生产的主要方法。而焦作市铝土矿资源中 A/S 偏低,属中低品位矿石。因此,在生产氧化铝之前,采取选矿的方法除去铝土矿中大部分 SiO_2、Fe_2O_3、S 和其他杂质是十分必要的。

18.4.4 选矿的可行性

河南铝土矿选矿试验的研究早在 10 年前就已开始,并做了比较系统的试验研究。先后有中铝中州分公司依靠自主创新、河南省岩石矿物测试中心、北京矿冶研究总院、武汉钢铁学院等科研单位及大专院校,为河南铝土矿选矿脱硅、除铁、除钛等做了大量工作。其中,中铝中州分公司依靠自主创新所做的工作最为系统完整,针对焦作市铝土矿的特点,在详细研究物质组成的基础上,对不同类型的铝土矿进行了详细的工艺条件试验及选择性扩大试验。试验结果证明,铝土矿经过选矿处理后,所得精矿的质量有很大提高,使拜耳法可处理矿石铝硅比由传统的 10 以上降低到 6 以下,为低品位铝土矿资源的经济利用、充分利用开辟了全新途径。目前,该公司的选矿—拜耳法生产氧化铝生产系统,已连续稳定运行多年。通过应用选矿—拜耳法工艺,该区现有铝土矿资源的服务年限可提高 5 倍以上。处理同样品位的铝土矿与传统烧结法相比,选矿—拜耳法生产的氧化铝成本每吨降低 150 元以上,能耗降低 300 kg 标煤以上,并且选矿所得副产品(尾矿)的杂质含量低,可作为软质及半软质黏土或高铝矾土熟料使用,这样既可使焦作市铝土矿中的低品位矿石得到利用,又可做到无尾矿工程,充分发挥了矿产资源的经济效益和社会效益。使占焦作市 70% 的中低品位铝土矿经过处理直接用于氧化铝生产,使铝土矿资源的可利用量扩大了 1 倍,提高了铝工业的资源保障程度,为中国铝工业可持续发展提供了全新的技术支撑,引起世界铝工业界的广泛关注和重视。

18.5 综合利用黏土矿中伴生元素锂

河南省西北地区黏土矿和铝土岩中普遍含锂,Li_2O 含量一般 0.024% ~ 0.47%,最高 1.815%,平均 0.139%,按边界品位 0.05%、块段平均品位 0.08% 计算储量,仅西张庄、大洼、寺岭、上刘庄四个矿区共获 Li_2O 储量 10.4 万t,潜在储量非常巨大,见表 18-3。

锂主要以锂绿泥石形式存在,其次分散在高岭石、伊利石、叶蜡石等矿物中,特别是以高岭石最多。锂绿泥石颗粒细小,结晶程度一般较差,常与高岭石、伊利石、叶蜡石相伴生。由于它的化学性质较稳定,湿法分选很困难,这给锂的利用带来了很大困难。那么能否考虑综合利用呢?经多年试验研究,综合利用锂已获成功,目前已完成实验室研究。

表 18-3　四个矿区各类岩(矿)石 Li_2O 含量情况表

类型	Li_2O 平均含量(%)			
	西张庄矿区	大洼矿区	寺岭矿区	上刘庄矿区
高铝黏土矿	0.274	—	0.477	0.297
硬质黏土矿	0.176	0.159	0.276	0.193
软质黏土矿	0.072	0.116	0.169	0.709
铁矾土	0.217	—	0.356	
黏土岩	—		0.062	
铁质黏土岩	—	0.069	0.101	
粉砂质黏土岩	—		0.083	
砂质黏土岩	—	0.065	—	
炭质黏土岩		0.080	0.075	
含绿泥石黏土岩		0.036		
石英砂岩	—	<0.01		

注:据 2000 年省地矿局第二地质队资料。

(1)锂冰晶石。

以焦作地区的含锂黏土为原料,采用锂铝并用的办法,河南省地矿局第二地质队成功研制了生产含锂冰晶石的技术。因为锂与冰晶石已结成一个体系,故其节电效果比冰晶石中加氟化锂更好,而成本与生产普通冰晶石相等,郑州轻金属研究院已将其作为铝工业生产的先进技术写入推广计划中。

(2)锂铝合金。

含锂黏土可用来生产锂铝合金,锂铝合金是最轻的合金,是理想的飞行器材料,用盐酸从黏土中溶出氯化锂铝,电解锂铝的氯化物即可直接生成锂铝合金。当矿石含 Li_2O 0.7%时,每 500 t 矿石可生产锂铝合金 90 t,含锂冰晶石 77 t。若建成 50 万 t 规模的锂铝合金厂,建设投资与 50 万 t 铝厂相近,而产值可达 300 亿元,其经济效益是非常可观的。

(3)锂电池。

从生产锂冰晶石和锂铝合金的中间产物中,容易分离出氯化锂,而氯化锂是生产锂电池的原料,锂电池价格昂贵,但销路很好,很有发展前途。

河南省西北地区黏土矿伴生锂资源的综合利用研究,由河南省地矿局第二地质队承担,目前已完成了中试,并获得了专利证书,证书号为 97101742.5,合成产品为铝钠复合型锂盐。其基础原理是:先用盐酸浸泡烧好的含锂黏土,经净化过滤,获得三氯化铝溶液。调整溶液中的锂铝比值后,再与食盐、氢氟酸反应,制得复合型锂盐。其化学反应方程式如下:

$$Li^+ + Al^{3+} + Cl^- \rightarrow LiCl + AlCl_3$$

$$LiCl + AlCl_3 + gNaCl + (m+3n+g)HF \rightarrow Na_g[Li_mAlF_{(m+3n+g)}] + (m+3n+g)HCl$$

其主要技术路线如下:

原料 → 粉磨 → 焙烧 → 溶出 → 除渣 → 合成 → 过滤 → 烘干 → 产品

　　该项目的创新点在于这一产品方向,合成了一种新型的铝电解质材料,从而使河南省西北地区储量巨大的含锂黏土资源得以综合利用,并以低价位的产品取代价格昂贵的锂盐,解决了国际一百多年来没有解决的锂盐价格问题。

　　该项目的工业试验,由于设备、资金、场地等问题,一直未能进行。"十三五"期间,政府和有关主管部门及相关单位应通力合作,使该试验得以完成,早日进入生产,变技术优势为经济优势。

18.6　从铝土矿矿石中提取铝土矿的方法

　　工业上提取金属铝是先从铝土矿中提取氧化铝,再把氧化铝电解为金属铝。氧化铝的生产方法有碱法、酸法、电热法,目前我国均使用碱法生产氧化铝。根据氧化铝生产的流程不同,碱法又分为烧结法、拜耳法及联合法。

　　烧结法:是把铝土矿、碱粉、石灰石按一定的比例混合磨细,在高温(1 200～1 300 ℃)下烧结,各组分相互作用生产铝酸钠($Na_2O \cdot Al_2O_3$)、铁酸钠($Na_2O \cdot Fe_2O_3$)、硅酸二钙($2CaO \cdot SiO_2$)、钛酸钙($CaO \cdot TiO_2$)。因铝酸钠溶于水或者稀碱液,钠水解为 NaOH 和 $Fe_2O_3 \cdot H_2O$ 沉淀,而硅酸二钙和钛酸钙则不溶于水或者稀碱液,铁酸稀碱液(赤泥洗液)溶出烧结熟料时,使其中有用成分 Al_2O_3 和 NaOH 进入溶液,而有害杂质硅酸二钙、钛酸钙和 Fe_2O_3 等不溶性残渣进入赤泥,达到分离的目的。得到氯酸钙溶液(粗液)还含有一定量的 SiO_2,经脱硅处理后成为料浆,送碳酸分解,可得 $Al(OH)_3$,焙烧后产品为无水氧化铝。烧结法能经济合理地处理铝硅比值低的矿石。

　　拜耳法:用苛性碱溶液,在压煮器内,用高温压煮法制得铝酸钠溶液,加新制的氢氧化钠晶种,在降温和搅拌的条件下进行分解,可获得氢氧化铝沉淀,经洗涤、过滤后进行焙烧而得到无水的氧化铝成品。此法多用于处理铝硅比值高的矿石。

　　联合法:为了使用价格便宜的苏打补偿拜耳法苛性碱的损失,降低成本,采用拜耳法处理高品级铝土矿石,同时采用烧结法处理低品级铝土矿和拜耳法赤泥的方法。

18.7　铝土矿物质组分在氧化铝生产中的作用和要求

　　铝硅比值(A/S):矿石 A/S 在碱法生产铝土矿中是一项十分重要的指标,矿石 A/S 低,只能用烧结法生产氧化铝;矿石 A/S 高,用拜耳法生产氧化铝则成本低,更为经济合算。过去用烧结法处理低 A/S 矿石时,窑温不易控制,熟料质量不稳定,造成溶出率低。现在由于计算机技术的使用,大大提高了窑温控制水平,熟料质量亦相当稳定。

一水硬铝石:是根据氧化铝的直接矿物,品位高、铝硅比亦高,产品氧化铝产率高,生产成本亦低。

氧化硅(SiO_2):是氧化铝生产的主要尾矿杂质。SiO_2 高,则 A/S 低,故产率低,成本高;SiO_2 低,则 A/S 高,故产率高、成本低。

氧化铁(Fe_2O_3):对烧结法而言,该矿物具有降低烧结温度的作用,一般要求矿石中 Fe_2O_3 以 7% ~10% 为宜。含量过低时,熟料不能成球,操作困难。含量高时,烧结时出现大量液相,导致熟料窑结圈,操作困难。在熟料处理过程中,Fe_2O_3 含量高,则赤泥量大,增加洗涤与赤泥分离难度,成本增加。

硫(S):是氧化铝生产中十分有害的杂质。对烧结法而言,矿石含硫量高,烧结宜结圈,碱耗、煤耗增加,熟料折合比增加,Al_2O_3 溶出率及产能下降,成本增加,对拜耳法而言,在溶出过程中,含硫高,碱耗增加。

氧化钛(TiO_2):矿石中氧化钛含量较低(2% ~4%),故生产中不对其提出具体要求,少量氧化钛可以提高 Na_2O 的溶出率,降低烧结温度,提高赤泥水泥的强度。主要问题是在溶出过程中,矿液中没有完全形成钛酸钙的多余 TiO_2 会以薄膜形式包围氧化铝水合物,阻碍碱液与氧化铝水合物接触,进而阻碍 Al_2O_3 溶出,所以烧结前配料过程中要使得(CaO/TiO_2) = 1.0,保证熟料中的 TiO_2 全部形成钛酸钙。

18.8　G 层铝土矿、铝土矿、矾土、耐火黏土的定义与使用

G 层铝土矿:1924 年,日本地质学家坂本竣雄调查我国东北和华北的地质资源,将石炭二叠系耐火黏土、铝土矿层自上而下划分为 A、B、C、D、E、F、G 七层,由于 G 层主要为铝土矿,而其他层位又少有铝土矿,故华山地台区铝土矿亦称为 G 层铝土矿。

矾土:铝矾土、铁矾土。

矾土为外来语,由日本翻译而来,目前多不使用。1987 年全国矿产储量委员会办公室主编的《矿产工业要求手册》保存了"铁矾土"矿种。定义铁矾土为:含铁高的耐火黏土和铝土矿。主要用作炼钢溶剂,利于造渣和清除炉壁上的结瘤。也可用作水泥的配料。

铁矾土一般工业要求:$Al_2O_3 \geq 35\%$,$Fe_2O_3 \leq 19\%$。

铝土矿:主要由铝的氢氧化物和一些杂质——硅矿物、铁矿物、钛矿物等组成,在当前的经济技术条件下能够提炼铝氧者成为铝土矿。

铝土矿一般工业要求:$Al_2O_3 \geq 40\%$,A/S = 1.8 ~2.6。

耐火黏土:是指耐火度大于 1 580 ℃的黏土。主要用于冶金、机械等部门,其次为轻工、建材、化工、国防等部门。依其理化性能,矿石特征和工业用途,一般分为软质黏土、半软质黏土、硬质黏土和高铝黏土四种,见表 18-4。

表 18-4　耐火黏土矿的一般工业要求

矿石工业类型	矿物成分		Al_2O_3质量分数（%）	Fe_2O_3质量分数（%）	耐火度（℃）	矿石外观特征	工业用途	备注
	主要矿物	次要矿物						
高铝黏土	一水硬铝石	高岭石、一水软铝石	>50	<3	≥1 770	豆状、鲕状、角砾状、致密块状、坚硬粗糙状、土状	高铝质耐火材料	化学成分以熟料计
硬质黏土	高岭土	一水硬铝石三水铝石、地开石、伊利石、叶蜡石	>30	≤3.5	≥1 630	致密块状、鲕状、贝壳状	黏土质耐火材料	
半软质黏土	高岭土	伊利石、一水硬铝石	≥25	≤3.5	≥1630	土状、片状	结合剂	化学成分以生料计
软质黏土	高岭石 - 伊利石		22	≤3.5	≥1 580	土状、片状	结合剂	
	纳蒙脱石 - 伊利石							

生料品位/（1 - LOSS）= 熟料品位 ×100。

高品质的铝土矿可以做高铝黏土矿使用,高铝黏土矿亦是铝土矿。

18.9　高铝黏土用作铝土矿

根据 2001 年沁阳市国土资源局委托省地矿局第二地质队对沁阳市域的常平、窑头、前后和湾等高铝黏土矿区的铝土矿资源按铝硅比大于 4 进行的重新圈定计算,共获得资源储量 687.8 万 t。铝土矿的选矿技术已经成熟,使用常规浮选工艺即可获得 A/S 大于 10 的精矿,最近长城铝业公司、中州铝厂拟建选矿厂,利用这一契机,可以充分开发利用此类高铝黏土矿。其方案如图 18-2 所示。

18.10　高等级耐火材料生产

按照《中国矿床》一书的分类,沉积型分为:沉积于不整合间断面上的浅海相耐火黏土矿床;沉积于浅海、潟湖、湖盆并与顶、底板岩层整合的耐火黏土矿床;沉积于峡谷、山间盆地、断陷盆地的耐火黏土矿床。

沉积于不整合间断面上的浅海相耐火黏土矿床大多位于石炭系或二叠系之中,其下伏岩层在华北一带为奥陶系,在华南一带则为寒武系、奥陶系、志留系或泥盆系。矿床规

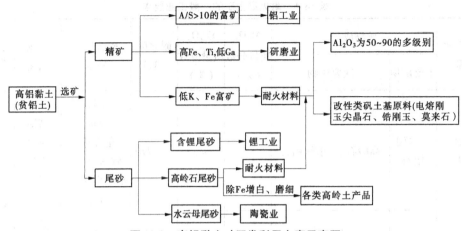

图 18-2　高铝黏土矿开发利用方案示意图

模一般较大。含矿层的上部常生成软质黏土或半软质黏土,下部常生成硬质黏土、高铝黏土和铝土矿。耐火黏土中 SiO_2 含量一般在 30% ~40% , Fe_2O_3 含量在 0.5% ~3.5% 或更多, Al_2O_3 含量一般大于 30% ,高的可达 50% ~80% 以上。

　　矿物成分以一水硬铝石和高岭石为主。含矿层呈层状、似层状或透镜状,分布面积常为几平方千米、几十平方千米或更大。矿层沿走向延长常达 1 000 ~3 500 m,沿倾斜延深一般超过 300 ~500 m,厚度为几米到十几米。矿石类型和品级一般较复杂,厚度和质量变化较大。含矿层底部常伴有扁豆状赤铁矿(针铁矿、褐铁矿)、黄铁矿、菱铁矿等;上部常夹有杂色黏土、黏土页岩、黏土质砂岩等岩层。

　　沉积于浅海、潟湖、湖盆并与顶、底板岩层整合的耐火黏土矿床主要产于石炭系、二叠系、侏罗系、第三系和第四系。由于沉积环境和物质成分的不同,有的形成软质黏土,有的形成硬质黏土,黏土中 SiO_2 含量一般在 43% ~66% , Fe_2O_3 含量一般在 0.5% ~2.5% ,也有超过 2.5% 的, Al_2O_3 含量多在 30% 以上,少数可在 50% 以上。

　　矿物成分以高岭石类矿物为主,其次是水铝石类矿物,此外有少量石英。矿层呈层状、似层状,分布面积常为几平方千米至十几平方千米或更大,沿走向延伸常为几百米至几千米,厚度有 1 m 左右的,也有几米至十几米的。矿石类型和品级较简单,厚度和质量变化一般较小。黏土层的顶、底板常为砂岩或砂页岩。矿层也常与砂页岩等呈互层出现。

　　沉积于峡谷、山间盆地、断陷盆地的耐火黏土矿床多生成于侏罗纪、第三纪和第四纪。有的赋存于断陷盆地的侏罗系砂岩、页岩、砂质页岩、泥岩含煤地层之中,与煤层成互层状;有的赋存于地堑盆地砂、砾石、黏土岩、粉砂岩层中;有的赋存于山间盆地的第四系黏土层中。这类矿床大都为软质黏土矿,矿体呈层状、似层状、扁豆状,产状平缓。较大的矿床一般长 1 000 ~2 500 m、宽 100 ~1 500 m、厚 1 ~10 m。

　　黏土的矿物成分主要为高岭石,占矿物总量的 80% ~90% ,其次是水白云母和石英,还有少数以三水铝石为主要成分。黏土中 SiO_2 含量为 43% ~ 55% , Fe_2O_3 为 1% ~3.5% , Al_2O_3 为 20% ~25% , TiO_2 为 0.8% ~1.2% 。黏土的可塑性指数一般在 19 ~24。

　　耐火黏土是指耐火度大于 1 580 ℃、可作耐火材料的黏土和用作耐火材料的铝土矿。它们除具有较高的耐火度外,在高温条件下能保持体积的稳定性,并具有抗渣性、对急冷

· 116 ·

急热的抵抗性,以及一定的机械强度,因此经煅烧后异常坚定。

耐火黏土按可塑性、矿石特征和工业用途分为软质黏土、半软质黏土、硬质黏土和高铝黏土四种。软质黏土一般呈土状,在水中易分散,与液体拌和后能形成可塑性泥团;半软质黏土的浸散性较差,其浸散部分与液体拌和后亦可形成可塑性泥团。这两种黏土在制作耐火制品时常用作结合剂。硬质黏土常呈块状或板片状,一般在水中不浸散,耐火度较高,为耐火制品的主要原料。高铝黏土 Al_2O_3 的含量较高,硬度和比重较大,耐火度高,常用以制造高级黏土制品。

耐火黏土主要用于冶金工业,作为生产定型耐火材料(各种规格的砖材)和不定型耐火材料的原料,用量约占全部耐火材料的70%。耐火黏土中的硬质黏土用于制作高炉耐火材料,炼铁炉、热风炉、盛钢桶的衬砖、塞头砖。高铝黏土用于制作电炉、高炉用的铝砖、高铝衬砖及高铝耐火泥。硬质黏土和高铝黏土常在高温(1 400~1 800 ℃)煅烧成熟料使用。

耐火黏土在建材工业上用以制作水泥窑和玻璃熔窑用的高铝砖、磷酸盐高铝耐火砖、高铝质熔铸砖。高铝黏土经过煅烧,然后与石灰石混合制成含铝水泥,这种水泥具有速凝能力及防蚀性和耐热力强的特点。

耐火黏土在研磨工业、化学工业和陶瓷工业等方面也有重要的用途。高铝黏土经过在电弧炉中熔融,制造研磨材料,其中电熔刚玉磨料是目前应用最广泛的一种磨料,占全部磨料产品的2/3。在陶瓷工业中,硬质黏土和半硬质黏土可以作为制造日用陶瓷、建筑瓷和工业瓷的原材料。

河南省西北地区耐火黏土一个不足之处是:中低档矿多,优质矿少。据统计,在高铝黏土储量中特级品只占7.1%,Ⅰ级品占22%;硬质黏土中特级品只占3%,Ⅰ级品占35%;软质黏土和半软质黏土中Ⅰ级品占17%。因此,无论是高铝黏土,还是硬质黏土和软质(半软质)黏土,Ⅱ级品和Ⅲ级品占绝大多数。

河南省西北地区耐火黏土矿床的一个特点是:单一矿床少,共、伴生矿床多。据统计,单一矿床仅占总储量的30%,以共生形式产于其他主矿产(如煤矿、铝土矿、铁矿等)中的占40%,以主矿产形式产出又有其他矿产共伴生的占30%。因此,黏土矿的综合开发利用对发展河南省耐火材料工业具有重要意义。

因含硅高达不到铝土矿要求的高铝黏土和达到高铝矾土标准要求的硬质黏土矿,主要生产耐火材料。目前,普通耐火材料供大于求,而高等级耐火材料如钢铁工业中炉外精炼、板坯连铸等高质量耐火材料,尚需进口,高等级耐火材料以矾土基合成原料为主,共有三种类型:①均质类,以天然原料为基础,通过均化工艺达到结构性能和质量稳定均匀,可开发 Al_2O_3 含量50%~90%的多级别均质矾土熟料系列产品,Al_2O_3 50%~90%的均质矾土熟料售价200美元/t。②改性类,通过选矿或电熔减少杂质或加入适量有益氧化物,改善高温性能,如矾土基电熔刚玉、矾土基尖晶石、锆刚玉莫来石等。这类产品在国外还没有,该项成果属国际首创,这些成果有的已初步形成生产能力,但规模不大,质量不稳定(如矾土基电熔刚玉、矾土基尖晶石);有的尚未转化为生产力(如锆刚玉莫来石),目前高温技术需要的高档制品国内外多采用昂贵的人工合成材料,如板状刚玉和电熔刚玉(5 000~6 000元/t),电熔锆莫来石和高纯尖晶石(8 000元/t以上)。改性合成原料可全部或部分代替上述高价的原料,而价格要低得多,如矾土基电熔刚玉 2 500~3 000 元/t,矾土基尖晶石 4 000~5 000 元/t,将大大降低高档制品的成本,从而相应降低高温工业耐火材料消耗费用。③转型类,用高铝矾土原料通过高温还原和氮化的工艺处理,使其转化为 Sialon、Alon 等非氧化物及其与氧化物的复合材料。在建成这三类原料生产的基础上,进一步生产各种耐火制品,把我国资源优势转为技术优势,大大提高耐火原料质量稳定性和可靠性,尽快形成有我国特色的优质合成原料品种系列,用以取代昂贵的人工合成原料,制造性能优良、价格适宜的高档耐火制品,用于高温工业的重要部位,在获得优良使用效果的同时,显著降低耐火材料消耗费用,取得显著的经济效益,为高温工业发展做出新的贡献,还可巩固、提高我国耐火原料及制品在国际市场上的重要地位,不仅在数量上继续保持相当高的市场占有份额,而且在质量品种上跃居世界领先位置,在国际上赢得信誉,大幅度增加出口创汇收入。

18.11　精密铸造型砂生产

硬质黏土矿经粉碎后按粒度分级,按不同比例粒级配比,用作精密铸造型砂,高温不变型,可使喷涂面光滑,广泛用于航空航天工业部门。

20 世纪 70 年代以前,软质黏土矿只作耐火材料用,其实软质黏土矿物成分主要是高岭石,软质 I 级化学成分和性能均可作高岭土使用。高岭土经除铁、增白、磨细,可生产纸、颜料、填料等各类高岭土产品。

第 19 章　找矿方向

19.1　河南省西北地区铝土矿找矿方向

（1）河南省西北地区石炭纪铝土矿成矿系统是一个发生在陆地表面的成矿系统，成矿物质主要来源于寒武—奥陶系碳酸盐岩，矿物质不饱和的大气降水为主要的成矿介质，大气降水的冲积、渗流、淋滤是成矿系统的动力来源。成矿空间遍及整个华北，包括河南省西北地区。铝土矿成矿主要发生在岩溶洼斗洼地中。

（2）河南省西北地区铝土矿围绕隆起分布的规律性是后期形成的。

河南省西北地区铝土矿广泛分布于石炭纪本溪期华北陆地表面，形成时产状近似水平，其后太原组、二叠系、早中三叠统覆盖，深埋地下。晚三叠世，扬子板块与中朝古板块碰撞，河南省西北地区发生强烈褶皱运动，背斜区，本溪组抬升，局部剥蚀。新生代以来，河南省西北地区进入断陷构造运动期间，本溪组在隆起被剥蚀殆尽，洼陷区深埋地下，围绕隆起出露，形成铝土矿呈背离隆起的单斜产出，围绕隆起分布的特征。

（3）河南省西北地区主要隆起周围均有铝土矿发现，说明铝土矿形成地域的广泛性和普遍性。

（4）铝土矿品位主要取决于原生因素。

铝土矿成矿富集发生于岩溶洼地洼斗中，矿石品位取决于岩溶洼斗集聚成矿物质、大气降水的能力及淋滤、排泄的强度和规模。由于河南省西北地区铝土矿三水铝石较为少见，因此铝土矿抬升到地表以后的次生富集作用极为微弱。铝土矿品位主要取决于原生因素。

河南省西北地区深部具有与隆起周围相似的铝土矿成矿地质背景条件、相似的成矿概率，成矿地质条件较好。

19.2　河南省西北地区铝土矿找矿空间

由于以往铝工业规模较小，铝土矿资源压力相对较小，铝土矿找矿主要集中于浅部，深部找矿未得到应有重视，我国 2002 年铝土矿地质勘探规范即建议铝土矿的勘探深度为 300 m。由于以往行业管理条块分割，煤田地质勘探中不注意铝土矿的综合评价，煤矿开采不考虑铝土矿的开采。由于矿权设置的排他性，煤矿业主一般不进行铝土矿勘探，而铝企业因为没有矿权，不能在煤矿区进行铝土矿勘探。即便在近年来铝土矿勘探热中，煤矿深部铝土矿的勘查也未广泛开展。除少数矿区外，河南省西北地区基本上未进行煤矿深部铝土矿的找矿勘探。

因此，河南省西北地区铝土矿深部找矿仍有较大空间。

第 20 章　矿山水土保持及土地复垦

20.1　环境条件

　　河南省西北地区铝土矿矿区大多地处秦岭东段中低山区,太行山中低山区及平原过渡的低山丘陵地带,矿区出露地层简单,岩层基本上呈单斜形态产出,总体倾向北及北北西,倾角平缓,一般在 5°~15°。区内出露地层主要为奥陶系中统上马家沟组地层,在低缓山坡及沟谷地带发育第四系全新统之亚砂土、亚黏土及残坡积物等。区内黄土层较薄,多数地方岩石裸露,植被及覆盖物很少。矿区属大陆性半干旱气候,冬冷夏热,四季分明。年平均气温 13.9 ℃,最高气温 42.5 ℃,最低气温 −18.4 ℃。年平均降水量 578.6 mm,年蒸发量 1 928.1 mm。雨量多集中于 7~8 月,最大日降雨量 177 mm。10 月下旬至翌年 4 月上旬为封冻期。矿区风向以东北风为主,年平均风速 2.4 m/s,每年 3~5 月以及 12 月至翌年 2 月是大风集中阶段,大风强度一般为 6~7 级,维持 12~24 h 者居多。年无霜期为 211.7 d,年日照时数约 2 446.9 h,日照百分率 56%。

20.2　采矿引起的土地复垦的措施

　　矿山引起水土流失的地段有采矿场和废石场。其水土保持和土地复垦的措施如下。

20.2.1　采矿场

　　矿山开采结束后,原始生态环境已不复存在。整个采空区都是裸露的岩石,恢复和重建生态环境是矿山采矿工程完结后的后续工程。对采空区须进行覆土整治。覆土厚度0.5~1.0 m,同时种植植被进行水土保持与土地复垦。

　　对已经形成"造型"的小型边坡山体,设计中予以留置。在采矿生产过程中也要注意保留,以美化自然景观。

20.2.2　废石场

　　废石场水土保持工程主要是防止泥石流的产生,除前面所述的开挖截水沟、堆石坝、石笼坝等综合防护措施外,还需在废石场表面覆土种植植被,特别是在边坡上种树植草,防止边坡水土流失,减少洪水冲蚀,使生态环境逐步得以恢复。

20.3 水土保持及土地复垦方案

20.3.1 方案制订的原则和目标

河南省西北地区铝土矿区均属温带大陆性气候,致水土流失主要因素是矿山采用露天开采,废石量较大。因此,必须制订水土保持与土地复垦方案。方案制订的原则是预防为主、全面规划、综合治理。其目标是把矿山建设和开采过程中引起的水土流失量减小到最低限度。

20.3.2 水土保持及土地复垦具体方案

(1)由于矿区所在地覆土薄厚不一,为节约复垦成本,在投产以前,首先将露天采矿场等地的土壤收集起来,集中堆放于废石场附近。

(2)为防止废石流失,矿山基建废石及生产废石均利用汽车运往废石场集中堆放,为防止废石流失,废石场下部还需设置拦石坝,上部用铁丝笼围护。

(3)根据地形及建构筑物摆放形式因地制宜地在矿区道路两旁、矿区边角空地广泛种植适宜于本地生长的花草,搞好绿化,美化环境,同时起到水土保持作用。

(4)除修建废石场外,在开挖边坡后不稳固的地段均设有挡土墙,部分路段还设有截排水沟。

(5)矿区的主要复垦工程及工艺流程包括清理废石、平整场地、回填土层、种植植被。

(6)废石场服务期满后,要覆土种草,恢复生态环境。

废石场服务期满后,先经过一年时间风化,然后进行场地平整,覆土造田。为确保复垦效果,先在底层废石上铺一层 1.5 m 厚的低肥效的岩石垫层,然后再铺垫厚度不小于 0.5 m 的土层。

(7)最终露天台阶及露天地均覆土种草。

(8)草种以适宜在当地生长的草种为宜。

(9)复垦后土地用途说明。

由于矿区采矿场和废石堆场所占地多为荒地,有小部分可耕地。因此,复垦的主要目的是植树种草,恢复植被,减少地表裸露面积,保护和防止水土流失。将采矿对环境造成的影响降至最小,使该地区的生态环境得以恢复。

20.4 方案实施措施

20.4.1 组织领导施工

矿山企业领导要重视水土保持工作,设计既要注意节约投资,又要重视水土保持工作。在今后的矿山管理中,要加强对水土保持工作的管理,使水土流失控制在最小限度内。

20.4.2　技术措施

工程设计贯彻水土保持工作,做到同时设计、同时施工、同时投入使用。设计的水土保持方案要认真贯彻和执行,在生产中还要做好维护与保养工作,特别要加强废石场的管理,这是企业水土保持的重点。

20.5　水土保持防治分区

防治分区可划分为露天采场、工业场地、矿山道路、临时排土场四个水土保持防治区。

20.6　水土流失的防治措施体系

水土保持措施布设总的指导思想为:建设期以工程措施、临时防护为主、植物措施和土地整治措施有机结合,临时性措施与永久性措施相结合,充分发挥工程措施控制性和时效性,保证在短时期内遏制或减少水土流失。建设期完成后利用植物措施和土地整治措施蓄水保护新生地表,实现水土流失彻底防治,并绿化美化环境。其防治体系框图见图 20-1。

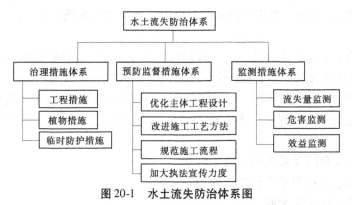

图 20-1　水土流失防治体系图

第21章 矿山生态环境保护与恢复治理

坚持"谁开发谁保护、谁污染谁治理、谁破坏谁恢复",资源开发利用与生态环境保护并重的原则;坚持矿山生态环境保护和次生灾害控制以预防为主,防治结合的方针,建立矿山生态环境监测网络体系,做好生态矿业示范区建设。

21.1 新建矿山的生态环境保护

21.1.1 新建矿山对环境影响的准入条件

新建矿山必须严格执行国家、省、市矿山建设的环境准入条件,严格限制对生态环境破坏具有不可恢复的矿产资源开采活动,禁止在重要风景名胜区、重要地质遗迹保护区和重点文物保护区以及军事禁区、大型水利工程设施所圈定的范围内开采矿产资源;禁止在城市规划区、铁路、国道、省道、旅游道路沿线两侧规划禁止范围内进行露天采矿;禁止在地质灾害危险区开采矿产资源,限制在地质灾害易发区开采矿产资源,严格控制在生态功能保护区内开采矿产资源。

21.1.2 严格矿产资源开发利用方案和环境影响报告书中对生态环境影响内容的审查

新建矿山必须符合国家、省、市矿山建设的生态环境准入条件。在勘查阶段,应查明矿区环境地质条件,提出防治对策建议;矿山设计和基建阶段要分别进行环境影响评价和建设用地地质灾害危险性评估。

21.1.3 制订矿山生态环境恢复治理方案

矿产资源开发利用方案中必须包括水土保持方案、"三废"达标排放方案、土地复垦方案和地质灾害防治方案,实行开发与治理同步政策。

21.2 现有和闭坑矿山的生态环境保护

21.2.1 加强对矿山生态环境保护的监督检查

加强对矿山可能遭受或采矿活动可能诱发的崩塌、滑坡、泥石流、地裂缝、地面塌陷等地质灾害的监测、预报与防治,避免或减少矿山次生地质灾害的发生。严格对矿山闭坑报告的审查和矿山环境恢复、水土保持、土地复垦、地质灾害防治等方案完成情况的监督、检查与验收,提高环境恢复水平。

21.2.2　矿产资源开发利用的生态环境保护

严禁在生态功能保护区、自然保护区、风景名胜区、森林公园、地质公园内采矿。严禁在崩塌滑坡危险区、泥石流易发区和易导致自然景观破坏的区域采石、采砂、取土。矿产资源开发利用必须严格规划管理，开发应选取有利于生态环境保护的工期、区域和方式，把开发活动对生态环境的破坏减少到最低限度。矿产资源开发必须防止次生地质灾害的发生，已造成破坏的，开发者必须限期恢复。已停止采矿或关闭的矿山、坑口，必须及时做好土地复垦。

21.2.3　严格控制采矿中的"三废"排放，提高综合利用水平，防止可能诱发的地质灾害

坚持资源开发与节约并举，把节约放在首位，依法保护和合理使用资源，提高综合利用水平，对不符合国家、省、市有关法律、法规和有关政策规定，"三废"排放超标，造成生态地质环境破坏和环境污染的，要依法查处，责令限期整改达标，并按国家有关规定给予补偿，逾期不能达标的，实行限产或关闭。

21.2.4　探索新机制，建立多元化、多渠道的矿山生态环境保护投资机制

按照分类指导、区别对待的原则，对不同类型、不同地区的矿山企业实行不同的扶持政策。对目前正处于生产阶段的矿山，本着"谁破坏、谁治理"的原则，以自身投入为主，国家资金鼓励性投入为辅；对计划经济时期建设的处于开发后期阶段、经济效益较差的国有矿山企业，采取政策补贴和企业分担的资金投入形式；历史上废弃、已闭坑、无明确责任人和环境问题严重的矿区，以国家投入为主，地方政府配套，可供开发用地的可采取拍卖方式，由开发者投入治理。

21.2.5　建立矿山生态环境保护与土地复垦履约保证金制度

积极出台矿山环境治理恢复保证金制度和小型矿山闭坑保证金制度，由市国土资源管理部门掌握并监督防治工作，不能按预期要求治理的矿山，则没收保证金，由国土资源部门组织整治。鼓励支持经济发达、环境问题突出的地区，或者有地质环境与地质灾害防治基础，环保意识较强的矿山企业进行矿山生态环境治理恢复工作。

第22章 河南省西北地区铝土矿资源开发规划布局

22.1 开发利用规划布局

为优化资源配置,促进矿业开发合理布局,实现资源开发与生态环境保护的协调统一,根据河南省西北地区资源的分布特点、市场需求及社会与经济发展的需要,凡矿产资源丰富、分布相对集中,矿产品市场前景好、经济效益高、易于形成规模化经营,开发过程中能有效控制对生态环境影响的矿区,划分为鼓励开采区;对市场供大于求,或开发技术条件不成熟,不能对开发中的矿产资源进行有效保护和充分利用,资源有限的优质矿产,开采过程中,对生态环境有一定影响,地质灾害易发区,划分为限制开采区;对于开采经济效益低下,对生态环境具有重大影响或造成严重破坏,地质灾害危险区,地质遗迹保护区,各类自然保护区,风景名胜区,军事禁区,城市规划区,以及铁路、国道、省道两侧 500 m 的可视范围内禁止露天采矿。

22.1.1 矿产资源开发规划区划分

为优化资源配置,促进矿业开发合理布局,实现资源开发与生态环境保护的协调统一,根据资源分布特点、市场需求以及社会与经济发展的需要,将区内矿产资源开发区划分为鼓励开采、限制开采区和禁止开采区,其他地区为允许开采区。

鼓励开采区:矿产资源丰富,分布相对集中;矿产品市场前景好,经济效益高,易于形成规模化经营;开发过程中能有效控制对生态环境的影响。

限制开采区:市场供大于求;开发技术条件或综合利用条件不成熟,不能对开发中的矿产资源进行有效保护和充分利用;资源量有限的地方名优特色矿产;开采过程中对生态环境影响较为严重,地质灾害隐患区。

禁止开采区:市场严重供过于求,开采经济效益低下;对生态环境具有重大影响或造成严重破坏,地质灾害危险区;地质遗迹保护区(地质公园);各类自然保护区、风景名胜区;军事禁区;国家和省法律法规规定禁止从事矿业活动的区域。

鼓励开采区:主要为渑池县贾家洼铝土矿西段、陕县支建铝土矿、陕县杨庄铝土矿、渑池县转沟铝土矿、渑池县段村铁(铝)矿、渑池县焦地铝土矿、贾家洼东段高铝黏土矿区等。

限制开采区:铝硅比小于 5 且矿区共伴生矿产无法综合利用的铝土矿矿区(陕县杜家沟铝土矿)以及省规划划定的限采区域。

禁止开采区:省级以上自然保护区、风景名胜区、文物保护区、地质遗迹保护区、陇海铁路、洛三高速公路及主要公路沿线可视范围内、军事禁区。

22.1.2 矿业结构调整与优化

坚持以市场需求为导向,以经济效益为核心,对矿山开采的最小规模、矿业采选冶结构、新设立矿山企业准入条件等进行调整。

1. 不同矿种矿山开采最低经济规模的确定

为充分合理利用资源,矿山开采规模必须与矿区的矿产资源储量或矿山所占有的矿产资源储量规模相适应,以达到资源效益的最大化。根据国家、省产业政策及资源条件、开发利用状况、市场需求状况和经济效益,结合矿山企业经济能力和社会经济发展的外部环境条件,综合考虑矿业经济的长远发展目标,确定规划矿种的最低开采规模。矿山最低开采规模按矿山企业占有矿产储量或矿区矿产储量的多少分大、中、小型矿山分别限定,并逐一确定了中型以上矿区(矿山)和重要小型矿区(矿山)的最小开采规模。

新建矿山开采规模不得低于规划确定的相应矿产储量规模的矿山最低开采规模;对已取得采矿证而开采规模又与矿区储量规模显著不协调,即达不到本规划限定的最低经济开采规模的矿山,要限期整改、联合,走规模化、集约化之路。边远地区、矿产资源匮乏地区的个别矿种可适当降低要求。

2. 矿业采选冶产品结构调整

提高优势矿产、特色矿产的采、选、冶、加工工艺技术水平,降低初级矿产品在销售中的比例,发展矿产品后续加工能力,大力加强深、精、细加工等高科技含量矿产品的比重,使之成为矿业经济增长的重点,提高资源综合利用率和市场竞争力。

培育壮大以铝工业为主的有色金属工业,优先发展氧化铝,积极稳定地发展电解铝,加快发展精深加工,以三门峡铝工业基地为中心,建设辐射周边地市的中西部最大的铝工业基地;充分发挥能源矿产和高耗能矿产共生的资源优势,推进煤电铝联营,降低国际市场氧化铝价格变化对铝产业链不同环节所造成的冲击度。

22.1.3 矿业技术结构调整

科技进步是推动矿业生产力发展的主要动力。要通过技术结构调整,进一步提升矿产资源保护和合理利用水平,提高矿山企业参与市场竞争的能力。支持矿山企业自主建立研发机构、专业实验室,或与大专院校、科研院所进行联合技术攻关,增大科研开发资金投入比例。

鼓励研究推广铝土矿等露天矿分品级综合开采技术、优质铝土矿地下综合开采技术等,淘汰铝土矿采富弃贫的小井采矿方法。研究与推广先进适用的选矿技术,如铝土矿选矿—拜耳法等,这些技术可解决陕渑地区大批边际、次边际经济的低品位铝土矿资源的利用问题。

22.2 依法加强对铝土矿市场体系建设

河南省西北地区铝土矿市场建设处于初级阶段,离现代市场体系的要求差距较大,主要表现在:其一是缺少治理市场的法律法规;其二是矿产品市场及矿业权市场分割;其三是市场中介机构缺位;其四是价格信号调控市场力度弱。为此,一是建议省政府及有关主管部门,要将1999年颁发的省人民政府令第48号、2001年颁发的河南省政办130号文件等规章及政策提升为(省级)法规。二是在省政府主管部门的指导下,矿产品市场与矿权市场的建设既要联系,又要区别,并逐步制定相关政策。三是加快构建市场中介机构系统,包括协会系统、独立地矿勘查专家系统、投(融)资系统、信息系统(网站、媒体)等。

22.3 按法定程序逐步纠正铝土矿矿业权管理的偏差

企业采富弃贫,个体乱采乱挖,矿业秩序较乱等现象,掩盖了铝土矿矿业权管理的偏差,如"一矿多证,或一证多矿"便是此种偏差的突出表现。虽然这种管理偏差有其深刻的复杂原因,但它使"大矿小开,小矿乱开"合法化,降低开采回采率,浪费铝土矿资源,是有目共睹的。为此,建议有关立法部门在调研基础上,修改矿业权管理的有关法律法规。按法定程序,逐步纠正铝土矿矿业权管理中"一矿多证,一证多矿"的偏差,按地矿经济规律,规范"证"与"矿"的范围,使"大矿能够大开",方可提高河南省铝土矿资源保障。

22.4 依法加强对铝土矿资源储量的动态监管

(1)加强矿山地质工作。由市、县矿管部门及省矿产资源储量评估机构,核实年度铝土矿资源储量增减数字,确保河南省年度铝土矿资源储量数字的可靠性及权威性。

(2)实行铝土矿占用储量登记和矿山动用储量计划报批制度。

(3)对铝土矿矿山实施动态监管。如实行矿山生产许可证制度,加强对铝土矿矿山开采回采率的考核及矿山督察管理等。

22.5 重视再生铝资源的利用

要延长铝土矿资源的服务年限,必须重视再生铝资源的利用。近年来,再生铝产业能耗小,成本低,污染小,已受到世界一些发达国家的重视。我国再生铝业起步晚,产量小,与世界水平差距大。如2015年,我国再生铝产量仅为60万t,占同期电解铝产量的5%,而同期世界再生铝产量为800万t左右,占电解铝产量的25%。为此,建议河南省应制定有关优惠政策,鼓励企业利用废铝,进入再生铝生产行业,这将有利于提高河南省铝土矿资源的保障程度及铝工业的综合效益。

22.6 加大对铝土矿地质勘查的投入

近十年,对铝土矿的勘查投入过少,保有新增储量过少,与矿山开发及铝工业发展的需求矛盾十分突出。如河南省现保有储量1.5亿t左右,按目前氧化铝生产规模迅速扩大的需求,很不适应。预计1.5亿t保有储量将很快消耗完毕。为此,铝矿地质勘查必须加大投入,方可基本满足氧化铝工业对铝土矿储量的需求。

22.7 提高黏(铝)土矿产资源综合利用率

(1)加强黏土矿产资源的综合开发和合理利用,防止资源浪费。

在矿产资源勘查和开采中,对具有开发利用价值的共生、伴生矿必须统一规划,综合勘探、评价、开采、利用。地质勘查部门在地质勘探报告中应有资源综合利用章节;矿山设计部门在确定主采矿种开采方案的同时,应提出可行的共生、伴生矿回收利用方案。

建设项目中的综合利用工程应与主体工程同时设计、同时施工、同时投产。凡具备综合利用条件的项目,其项目建议书、可行性研究报告和初步设计均应有资源综合利用内容,无资源综合利用的,有关部门不予审批。

(2)依靠科技进步,提高黏土矿综合利用技术水平。

重大的综合利用科研与技术开发课题要纳入国家或地方的科技攻关计划,认真组织实施,如造纸用涂布级高岭土选矿试验,黏土矿中伴生锂的利用等。对有广泛应用前景的成熟技术应积极安排示范工程,逐步实现产业化,如 Al_2O_3 含量50% ~90%的多级别均质矾土熟料系列产品。培育和发展技术市场,开展技术咨询和信息服务,促进科技成果的转让和推广应用。

(3)加快立法步伐,建立健全管理制度,推动资源综合利用工作。

各地区、各部门要根据国家有关法规,结合当地实际情况,积极制定一些地方性的法规,促进黏土资源综合利用的规范化、法制化。

企业开展资源综合利用应严格按照国家标准、行业标准或地方标准组织生产,对没有上述标准的产品,必须制定企业标准。

逐步建立资源综合利用基本资料统计制度。企业应定期向有关主管部门报送有关资源综合利用方面的统计资料。

加强资源综合利用项目申报审核工作,有关部门要加强项目审核管理,落实国家优惠政策,防止骗取税收优惠。

(4)实行优惠政策,鼓励和扶持企业积极开展黏土资源综合利用,提高其综合利用率。

制定有关综合利用的价格、投资、财政、信贷等优惠政策,企业从有关优惠政策中获得的减免税款,要专项用于黏土综合利用。

加大对资源综合利用项目的扶持,对综合利用项目优先立项。

(5)建立资源综合利用奖罚制度。

对做出显著成绩的单位和个人给予表彰与奖励,对违反有关规定浪费资源的给予处罚。

22.8 矿山生态环境保护与恢复治理

生态环境是人类生存和发展的基本条件,是经济、社会发展的基础。保护和建设好生态环境,实现可持续发展,是我国现代化建设中必须始终坚持的一项基本方针。

矿山开采活动,给矿山生态环境带来一定影响,主要表现为:一是露采矿区,植被遭到破坏,水土流失加重,放炮烟尘污染空气;二是井下开采矿区,采空区不回填,天长日久造成地面沉降、塌陷,加剧次生地质灾害的发生。

坚持开发与保护并重的原则,生态环境保护和次生灾害控制以预防为主,防治结合;建立矿山生态环境监测网络体系,搞好生态矿业示范区建设。

22.8.1 新建矿山的生态环境保护

(1)确定对环境影响的准入条件。严格执行矿山建设的环境准入条件,严格控制对生态环境破坏不可恢复的矿产资源开采活动,禁止在城市规划区、交通要道沿线的直观范围内进行露天采矿。

(2)严格审查开发利用方案和环境影响报告书中对生态环境影响的评价内容,新建矿山必须进行地质灾害危险性评估工作。

(3)制订矿山生态环境恢复治理方案,开发与治理同步进行。

22.8.2 现有和闭坑矿山的生态环境保护

(1)加强对矿山生态环境保护的监督检查,对矿山生态环境保护情况要建立定期登记卡制度。

(2)提高综合利用水平,控制"三废"排放,逐步向"零"排放过渡。

(3)增加资金投入,加强生态环境保护和污染防治工作,加强因矿山开采活动而诱发的次生地质灾害的监测、预报和防治,避免或减少矿山次生地质灾害的发生。

(4)加强矿山生态环境恢复治理和土地复垦。坚持"谁开发谁保护、谁破坏谁恢复,谁使用谁付费、谁复垦谁受益"的原则,对矿山开发中造成的生态环境和土地的破坏实施恢复治理和土地复垦。

(5)建立矿山生态环境与土地复垦履约保证金制度。充分运用法律、经济、行政和技术等手段保护生态环境。

第 23 章 结论及建议

在成矿系统的理论体系框架下,通过野外地质调查、矿区地质勘探、室内编图、资料整理等工作,研究了铝土矿成矿的控制因素:沉积作用、风化作用、构造作用、地貌、气候、水文地质条件、生物作用、氧化还原条件、海洋的作用、岩溶作用等,对河南省西北地区铝土矿成矿进行了全面的研究,分析河南省西北地区成矿系统的物质来源、成矿流体、成矿能量及成矿系统的开始、持续和结束,成矿系统的产物,成矿后的保存和变化,深化和提升了河南省西北地区铝土矿成矿理论研究。

河南省西北地区铝土矿形成于石炭纪古陆表面。

(1)华北地区在晚奥陶世到早石炭世约 140 Ma 的时间内处于风化剥蚀状态,石炭纪呈高度夷平的准平原地貌。

(2)华北地区上石炭统和早古生界呈假整合接触关系,说明晚奥陶世以后,华北地区受构造运动的影响较小,一直到晚石炭世,仍然保持近似水平的状态。

(3)铝土矿、铁质黏土岩、煤系地层是典型古地表的产物,铝土矿广泛出现在辽宁、河北、山东、山西、陕西、河南等地,河南省西北地区隆起周围均有铝土矿出现,说明铝土矿形成时分布广泛。本溪组铁质黏土岩广泛出现的红色、黄褐色,说明其形成于地表氧化环境。

(4)太原组灰岩厚度小、分布范围大,说明海侵时地势平缓。

(5)河南省西北地区本溪组围绕隆起分布,产状一般背离隆起、倾向盆地,按产状外推,本溪组远远高于现在隆起区。隆起区周围均有铝土矿、隆起较高的位置也常常有寒武—奥陶系灰岩出露也说明石炭系曾经覆盖于这些隆起之上。

(6)河南省西北地区各地本溪组分段及岩性特征相近、差别较小。说明该组形成时各矿区地质环境相近,未受附近隆起的明显影响。

石炭纪本溪期,经过晚奥陶世—早石炭世长期的风化剥蚀作用,华北地区处于高度夷平、地势平缓、地表为产状近水平的碳酸盐岩覆盖的碳酸盐岩准平原状态,高温多雨的热带雨林气候使得地表成为一个巨大的铝土矿成矿场所,在地表广泛形成了从铁质黏土岩、铝土矿到黏土矿、黏土岩的各类成矿系统产物。

岩溶洼地洼斗对铝土矿成矿、富集具有重要意义。

在华北碳酸盐岩古夷平面古地表,岩溶地貌发育。岩溶洼斗由于地势低洼,成为成矿物质——地表风化物质和成矿介质——大气降水的优先集聚之地,大气降水在生物的作用下,对成矿物质进行淋滤、溶解,通过岩溶排泄系统,将可以移动的物质带走,地表条件下性质稳定的水铝石残留下来形成铝土矿。

河南省西北地区铝土矿的规律性特征:含矿岩系底部铁质岩、中部铝土矿、上部碳质黏土岩的分带性;品位和厚度成正比;特富矿体基本都产出于岩溶洼斗中,洼斗外矿体很快变薄或消失;铝土矿水平方向上相变为黏土矿、黏土岩;蜂窝状、砂岩状矿石出现于洼斗底部,豆鲕状、碎屑状矿石出现于洼斗上部,范围较大;矿石化学成分的高铝、低铁、高硅;矿石颜色主要呈灰色等是岩溶洼斗成矿模式在不同时间、空间成矿作用强度不同的产物。

红土型铝土矿形成于地表氧化环境中,铁质地表富集,铝质呈胶体迁移,矿石以结核状结构为主,铁质较高,Al_2O_3 与 TiO_2 呈反比例变化关系,呈红色、黄褐色等色调;河南省西北地区铝土矿形成于岩溶洼斗还原环境中,铁质活动性较强,铝质残留形成铝土矿,出现蜂窝状、砂状等结构构造,铁质较低,Al_2O_3 与 TiO_2 呈正比例变化,矿石主要呈灰色。

河南省西北地区铝土矿围绕隆起的分布特点是后期构造运动形成的。

铝土矿形成于石炭纪陆地表面,在河南省西北地区广泛分布。河南省西北地区铝土矿围绕隆起周围出露的特征是中生代以来的构造运动形成的。

三叠纪末,扬子板块和中朝古板块碰撞,华北地区抬升接受剥蚀。河南省西北地区出现渑池、新安、嵩箕等褶皱构造,背斜区本溪组被抬升到较高位置。

新生代,河南省西北地区进入断陷构造运动阶段,本溪组在隆起被剥蚀殆尽,而在盆地中又被中新生代掩埋,露头出现于隆起的周围,其中的铝土矿富集区成为目前可供开发利用的铝土矿床,形成河南省西北地区铝土矿围绕隆起分布的特征。

河南省西北地区铝土矿深部有较大找矿前景。

参 考 文 献

[1] 刘宝君. 沉积岩岩石学[M]. 北京:中国地质出版社,1979.

[2] 陈景山,等. 沉积构造与环境解释[M]. 北京:科学出版社,1985.

[3] 布申斯基 H. 铝土矿地质学(中译本)[M]. 北京:地质出版社,1984.

[4] 河南省地质矿产局. 河南省区域地质志[M]. 北京:地质出版社,1989.

[5] 罗铭玖,黎世美,卢欣祥,等. 河南省主要矿产的成矿作用及矿床成矿系列[M]. 北京:地质出版社,2000.

[6] 裴荣富,吴良土,熊群尧,等. 中国特大型矿床成矿偏在性与异常成矿构造聚敛场[M]. 北京:地质出版社,1998.

[7] 刘长令. 山西、河南高铝黏土矿床的成矿规律与找矿方向[J]. 河南地质,1984(6):30-32.

[8] 吴国炎,姚公一. 河南铝土矿床[M]. 北京:冶金出版社,1996.

[9] 河南有色地质六队. 河南省陕县支建铝土矿区勘探地质报告[R]. 洛阳:河南有色地质队,1991.

[10] 温同想. 夹沟铝土矿地质特征及成因探讨[J]. 河南地质,1984(2):24-26.

[11] 刘宝君. 沉积岩岩石学问[M]. 北京:中国地质出版社,1979.

[12] 河南省地矿局第二地质调查队. 河南省铝土矿成矿规律及找矿方向研究报告[R]. 1985.

[13] 河南省地矿局第二地质调查队. 河南省富铝土矿成矿地质条件及找矿方法研究报告[R]. 1990.11.

[14] 孙越英. 河南省洼村黏土矿床地质特征及成因探讨[J]. 资源调查与环境,2005(3):199-204.

[15] 孙越英,刘富有,等. 焦作市黏土矿资源评价及开发利用[J]. 矿产保护与利用,2004(4):5-6.

[16] 孙越英,刘富有,等. 焦作市矿产资源开发利用现状及发展方向[J]. 矿产保护与利用,2005(3):8-10.

[17] 王兴民,刘富有,等. 焦作市黏土矿的地质特征及综合利用[J]. 矿产保护与利用,2006(5):22-25.

[18] 陈延臻. 河南省铝土矿矿物组成及矿石工业类型[J]. 河南地质,1985(2).

[19] 温同想,等. 夹沟铝土矿地质特征及成因探讨[J]. 河南地质,1984(2).

[20] 王家德. 河南省西北地区铝土矿沉积环境研究[J]. 河南地质,1991(4).

[21] 胡安国,张天乐,等. 中国河南黏土 - 铝土矿床和江西高岭土、瓷石矿床及应用研究[M]. 北京:地质出版社,1993.

[22] 孙越英,等. 河南省豫北地区黏(铝)土矿成矿规律综合研究[M]. 郑州:黄河水利出版社,2012.

[23] 孙越英,卢耀东,等. 河南省铁矿成矿规律及深部找矿综合研究[M]. 郑州:黄河水利出版社,2012.

[24] 孙越英,等. 河南省豫北地区石灰岩矿资源地质特征及矿山环境恢复治理研究[M]. 郑州:黄河水利出版社,2014.

[25] 陈旺. 豫西石灰纪铝土矿成矿系统[D]. 北京:中国地质大学,2009.

[26] 李宁. 豫西晚石炭统铝土矿矿床分布规律[D]. 北京:中国地质大学,2013.